C.H.BECK WISSEN

Die Geschichte der menschlichen Zivilisationen ist unauflöslich mit den Veränderungen des Klimas auf unserer Erde verwoben. Das gilt nicht erst seit der Industrialisierung, seit also die Menschheit den Wandel des Klimas selbst antreibt. Schon der Erfolg und Misserfolg agrarischer Gesellschaften hing von klimatischen Veränderungen ab und von der Art und Weise, wie sich die Menschen daran anpassten. Auf dem neuesten Stand der Forschung schildert Franz Mauelshagen die großen Klimaschwankungen und ihre Bedeutung für den Gang der Geschichte – von der Steinzeit über das Römische Klimaoptimum, die Mittelalterliche Wärmeanomalie und die Kleine Eiszeit zu Beginn der Neuzeit bis hin zur globalen Erwärmung. Dabei verdeutlicht er auch, wie dramatisch sich der menschengemachte Klimawandel von früheren Klimaschwankungen unterscheidet.

Franz Mauelshagen lehrt Geschichte an der Universität Bielefeld und ist ein international ausgewiesener Klimahistoriker.

Franz Mauelshagen

GESCHICHTE DES KLIMAS

Von der Steinzeit bis zur Gegenwart

C.H.Beck

Mit 12 Graphiken
(© Franz Mauelshagen)

Originalausgabe

www.chbeck.de
Satz: C.H.Beck.Media.Solutions, Nördlingen
Druck und Bindung: Druckerei C.H.Beck, Nördlingen
Reihengestaltung Umschlag: Uwe Göbel (Original 1995, mit Logo),
Marion Blomeyer (Überarbeitung 2018)
Umschlagabbildung: William Turner, *Rough Sea with Wreckage*
(Detail), 1840/45, London, Tate Britain, © Foto: akg-images
Printed in Germany
ISBN 978 3 406 79148 2

myclimate

klimaneutral produziert
www.chbeck.de/nachhaltig

Inhalt

1. Einleitung

Das Verhältnis des Menschen zum Klima hat sich über einige hunderttausend Jahre entwickelt und immer wieder verändert. Das liegt nicht nur am Wandel des Klimas, sondern ebenso am Wandel menschlicher Gesellschaften. Neue Energieregimes und Wirtschaftsweisen, soziale und technologische Innovationen haben immer neue Beziehungen zum Klima und zur Umwelt etabliert. Im Zentrum der vorliegenden Geschichte des Klimas, die trotz ihrer Kürze den langen Zeitraum des Holozäns – immerhin etwa 12000 Jahre – betrachtet, stehen die vielfältigen Verflechtungen des Klimas und seiner Schwankungen mit Gesellschaften, ihrer jeweiligen Kultur, ihrer Wirtschaft und ihrer politischen Ordnung.

Dieses Beziehungsgeflecht zu durchleuchten hat sich die historische Klimaforschung schon vor Jahrzehnten zum Ziel gesetzt. Ihre Anfänge reichen in die 50er und 60er Jahre zurück. Pioniere wie der französische Historiker Emmanuel Le Roy Ladurie (* 1929) und der englische Klimatologe Hubert Horace Lamb (1913–1997) haben dabei Pate gestanden. Diese beiden Pioniere gingen von einer Problemlage aus, die sich aus der Entdeckung der Eiszeiten im 19. Jahrhundert entwickelt hatte. Die großen Schwankungen des Erdklimas auf der langen geologischen Zeitskala waren damals erstmals in Umrissen erkennbar geworden. Das wissenschaftliche Interesse an Klimaschwankungen während der letzten 12000 Jahre, also seit dem Ende der letzten Eiszeit, war jedoch vorübergehend in den Hintergrund getreten. Es wurde um die Wende zum 20. Jahrhundert durch die internationale Erforschung der alpinen Gletscher und durch Messreihen der Weltorganisation für Meteorologie wiederbelebt. Die meisten Gletscher waren in der ersten Hälfte des 19. Jahrhunderts noch gewachsen, danach jedoch an vielen Orten auf dem Rückzug. Temperaturmessreihen unterstützten die

These, dass der Rückgang der Gletscher eine unmittelbare Reaktion auf einen Erwärmungstrend war. Das beflügelte die Erneuerung der alten Frage nach Klimaschwankungen auf der historischen Zeitskala, also im Zeitraum von Jahren, Jahrzehnten, Jahrhunderten und einigen wenigen Jahrtausenden, nicht mehr nur auf der geologischen Zeitskala von Jahrzehntausenden, Jahrhunderttausenden oder noch mehr.

Die historische Klimaforschung kann sich nur für die sehr kurze Zeitspanne seit der zweiten Hälfte des 19. Jahrhunderts auf instrumentelle Messungen stützen. Für die gesamte vorinstrumentelle Zeit ist sie auf indirekte Informationen (Proxies) angewiesen. Im Laufe des 20. Jahrhunderts entwickelte sich mit immer neuen Methoden eine neue Disziplin, die Paläoklimatologie, die das Klima und seine Veränderungen im Laufe der erdgeschichtlichen Vergangenheit untersucht. Dabei stützt sie sich auf indirekte Informationen aus ganz verschiedenen Quellen, zum Beispiel aus der Untersuchung von Tropfsteinen, Eisbohrkernen oder Baumringen.

Durch die Arbeit vieler Wissenschaftler und Wissenschaftlerinnen mit verschiedenen Kompetenzen und Spezialisierungen wissen wir heute recht gut Bescheid über das Klima des Holozäns und früherer Phasen der Erdgeschichte. Bei allen Unsicherheiten, die vor allem über weiter zurückliegende Phasen bestehen bleiben, lässt sich mit Sicherheit sagen, dass der Klimawandel, den wir heute erleben, aus der Reihe tanzt. Die anthropogene, d. h. die von Menschen verursachte Erwärmung unterbricht die regelmäßige Abfolge von Eiszeiten und wärmeren Zwischeneiszeiten, die während der letzten Million Jahre im Pleistozän vorherrschte.

Dieser Einschnitt in der Geschichte des Erdklimas ist zugleich ein tiefer Einschnitt in der Geschichte des Verhältnisses unserer Spezies zum Klima (Kapitel 5). Alleine die Tatsache, dass es eine globale Klimapolitik gibt, ist Symptom für den klimageschichtlichen Ausnahmezustand, der durch den anthropogenen Klimawandel herbeigeführt wurde. Nur weil menschliche Aktivitäten wie das Verbrennen fossiler Brennstoffe die globale Erwärmung antreiben, liegt die Begrenzung des Klimawandels überhaupt im

Wirkungsbereich politischer Entscheidungen. Über keine frühere Epoche in der Geschichte von Mensch und Klima lässt sich Vergleichbares sagen.

Grund für diese veränderte Ausgangslage sind das fossile Energieregime der Industrialisierung und der gesellschaftliche Wandel, den es ermöglicht hat. Aber schon vor der Industrialisierung veränderten Menschen ihre Umwelt ganz erheblich, und wir müssen davon ausgehen, dass es auch menschliche Einwirkungen auf das Klimasystem der Erde gab (Kapitel 4). Einige Wissenschaftler gehen so weit, von einem frühen anthropogenen Klimawandel durch die vorindustrielle Landnutzung zu sprechen.

Der erste große Einschnitt in der Geschichte des Klimas war die Landwirtschaft, die sich seit der Jungsteinzeit (Neolithikum) verbreitete (Kapitel 2). Es handelt sich dabei um einen äußerst komplexen Prozess, der, von verschiedenen Zentren ausgehend, ungleichzeitig stattfand. Diese komplizierte Chronologie erschwert einfache Antworten auf die Frage, welche Rolle das warme Klima des Holozäns für die Entstehung der Landwirtschaft spielte. Für deren Ausbreitung allerdings hat das anhaltend milde Klima der letzten 11 700 Jahre zweifellos günstige Voraussetzungen geschaffen.

In den letzten beiden Jahrtausenden vor der Industrialisierung verdichten sich sowohl die klimatischen als auch die gesellschaftlichen Informationen, die Klimahistorikern zur Verfügung stehen (Kapitel 3). Agrarische Gesellschaften haben zunehmend schriftliche Zeugnisse hinterlassen, die ihre Verwundbarkeit gegenüber Klimaschwankungen dokumentieren. Sie zeigen, wie sensibel die landwirtschaftliche Produktion auf die «Launen des Klimas» reagierte. Immer wieder gab es Extremsituationen, in denen die Ernten spärlich ausfielen, manchmal mehrere Jahre nacheinander – oft mit katastrophalen Folgen. Für die letzten beiden Jahrtausende hat die historische Klimaforschung mehrere Warm- und Kaltperioden identifiziert und terminologisch unterschieden: das «Römische Optimum» etwa, die «Mittelalterliche Warmzeit», die «Kleine Eiszeit» oder die «Spätantike kleine Eiszeit». Doch auf dem aktuellen Stand des Wissens können wir nicht mehr davon ausgehen, dass irgendeine dieser wärmeren oder kälteren Klimaperioden global ausgeprägt war. Nur für die Phase des anthropogenen Klimawandels lässt sich das zeigen.

Wir wissen heute sehr viel mehr über die Klimageschichte als noch vor zehn oder zwanzig Jahren. Aber dadurch hat sich unsere Perspektive auf die Geschichte des Klimas nicht unbedingt vereinfacht. Eher das Gegenteil ist der Fall. Welche Rolle spielte das Klima für das Schicksal «großer Zivilisationen»? Hat es zum «Untergang» des Römischen Reiches oder zum Ende der Ming-Dynastie im China des 17. Jahrhunderts beigetragen? Solche und ähnliche Fragen bieten seit langem immer wieder Anlass für Kontroversen. Vor allem populäre Darstellungen sprechen gerne vom «Kollaps» oder vom «Aufstieg und Fall» ganzer Reiche, was mit Vorsicht zu genießen ist.

Weitaus verbreiteter ist allerdings nach wie vor eine Geschichtsdarstellung, die Faktoren wie Umwelt und Klima von vornherein ausschließt und historischen Wandel auf soziale, kulturelle oder wirtschaftliche Faktoren reduziert. Aber der Eindruck, dass sich gesellschaftlicher und kultureller Wandel gleichsam autonom gegenüber äußeren Faktoren vollzieht, ist ebenso irreführend wie deterministische Vorstellungen vom Einfluss geographischer oder klimatischer Faktoren auf die Entwicklung menschlicher Gesellschaften. Diesen beiden Extrempositionen gegenüber gibt es einen dritten Weg: Er besteht darin, die Verflechtung sozialer, kultureller und wirtschaftlicher Entwicklungen mit Klima und Umwelt, in die sie lokal auf ganz spezifische Weise eingebettet sind, in angemessener Weise zu berücksichtigen. Klima macht nicht einfach Geschichte. Aber als bedeutender, einerseits globaler, andererseits räumlich hochdifferenzierter Umweltfaktor mischt es sich in alle Beziehungen des Menschen zu seiner natürlichen Umwelt ein. Das erkennen wir heute, im Zeitalter des anthropogenen Klimawandels, klarer als vor ein paar Jahrzehnten. Das Klima ist deshalb nicht mehr aus der Geschichte wegzudenken.

2. Klima und Landwirtschaft bis ins späte Holozän

Warmzeit ohne Ende

Das Holozän, der gegenwärtige Zeitabschnitt der Erdgeschichte, ist eine Warmzeit. Dieser Tatsache werden immer wieder sehr weitreichende menschheitsgeschichtliche Konsequenzen zugeschrieben wie die Entstehung «großer Zivilisationen». Doch zunächst gilt es zu klären, was mit «Warmzeit» gemeint ist. Dazu muss man das Holozän im längerfristigen Zusammenhang vorangehender Klimaentwicklungen betrachten.

Im Laufe der Erdgeschichte hat sich das Klima mehrfach radikal verändert. Es gab Phasen starker, vielleicht sogar vollständiger Vereisung («Schneeballerde»). Am anderen Ende des Spektrums gab es mehrere sehr warme Episoden, während derer die Erdoberfläche von permanenter Vereisung völlig befreit war, auch an den Polen. Das gilt unter anderem für die Kreidezeit 140 bis 65 Millionen Jahre vor der Gegenwart. In dieser Phase war auch die CO_2-Konzentration in der Atmosphäre mit mehr als 1000 ppm (parts per million, d. h. Anteilen pro einer Million Moleküle trockener Luft) erheblich höher als heute. Danach sank sie jedoch kontinuierlich ab.

Vor etwa 3 Millionen Jahren trat die Erde in ein neues Eiszeitalter ein. Eiszeiten sind dadurch definiert, dass Teile der Erde, besonders die Polkappen, permanent mit Eis bedeckt sind. Auch das Holozän ist Teil einer Eiszeit, denn die polare Eisbedeckung blieb während der gesamten letzten 11 700 Jahre bestehen, wenn auch die Menge des Eises, seine Dicke und seine Ausdehnung schwankten. Das Holozän ist also einerseits eine Warmzeit, andererseits ist es eine Episode in einer länger andauernden Eiszeit.

Der scheinbare Widerspruch löst sich auf, wenn man sich die periodischen Wechsel kälterer und wärmerer Episoden im Zeitraum des Pleistozäns seit etwa 2,6 Millionen Jahren ansieht.

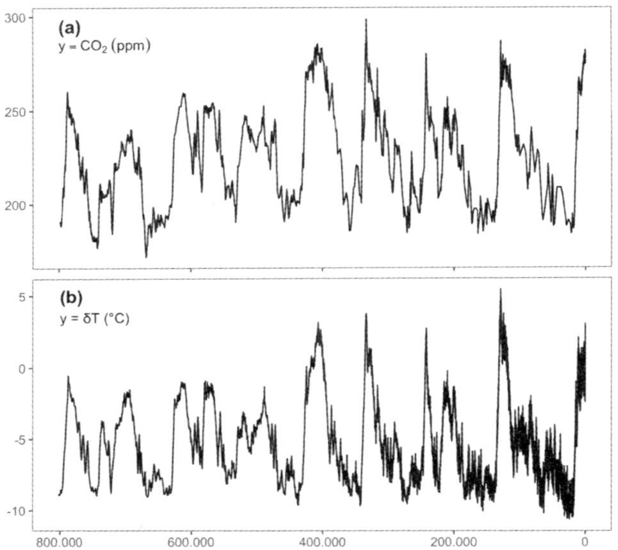

Abb. 1: Kohlendioxid- und Temperaturschwankungen in den letzten 800 000 Jahren: (a) Kohlendioxid (CO_2) in der Atmosphäre in parts per million (ppm). (b) Temperaturschwankungen: Abweichung (δT) in °C vom Mittel der letzten 1000 Jahre.

Diese Wechsel zeigen sich deutlich in den Temperaturrekonstruktionen aus antarktischen Eisbohrkernen, die für die zurückliegenden 800 000 Jahre vorliegen (Abb. 1). Die Schwankungen des atmosphärischen CO_2-Gehalts weisen einen parallelen Verlauf auf: Während der Warmzeiten war er stets höher, während der Kaltzeiten niedriger.

Allerdings waren nicht in erster Linie diese Schwankungen und damit Veränderungen im Kohlenstoffkreislauf verantwortlich für den Wechsel von Glazialen (Eiszeiten) und Interglazialen (Zwischeneiszeiten), sondern astronomische Faktoren, die als Orbitalantrieb (auch «Milankowitsch-Antrieb») bezeichnet werden. Dabei handelt es sich erstens um eine Art Taumelbewegung der Erdachse (Präzession), die durch die Anziehungskraft von Sonne und Mond verursacht wird. Die Erdachse kreist nämlich in einer Periode von 26 000 Jahren um die senkrechte Ekliptikebene durch den Erdmittelpunkt. Zweitens schwankt die Neigung der Erdachse (Obliquität) in einem Zeitraum von ungefähr 41 000 Jahren zwischen 22,1° und 24,5°. Und drittens verändert sich die Erdumlaufbahn (Exzentrizität) um die Sonne: Sie schwankt zwischen einer nahezu kreisförmigen und einer leicht elliptischen Form. Diese Variation tritt in einer Periode von 405 000 Jahren auf.

Alle drei orbitalen Antriebsfaktoren führen zu Schwankungen der solaren Einstrahlung auf die Erdoberfläche. Der Abstand von der Sonne beeinflusst die Einstrahlungsdichte. Die Neigung der Erdachse und ihre Taumelbewegung wirken sich hingegen auf die Verteilung der Solarstrahlung nach der geographischen Breite und damit auch auf die Ausprägung der Jahreszeiten auf der Nord- und Südhalbkugel aus. Das Klimasystem der Erde reagiert auf diese Veränderungen regional unterschiedlich. Aber an den Übergängen zwischen Glazialen und Interglazialen im Pleistozän dominierten bisher die genannten drei Faktoren, deren Periodizität die wiederkehrende Abfolge weitgehend erklärt.

Der Übergang ins Holozän, das geologisch auf den Zeitraum von 11 700 Jahren vor der Gegenwart (definiert als 1950) festgelegt wurde, begann mit einem Anstieg der Temperaturen vor ungefähr 16 000 Jahren (Abb. 2a). Durch die orbitalen Antriebsfaktoren nahm die Sonneneinstrahlung während des arktischen Sommers stark zu, was eine Schmelze des arktischen Meereises in Gang setzte. Auch die Ränder der großen inländischen Eisschilde schmolzen ab. Im weiteren Verlauf der Erwärmung zogen sich die Inlandgletscher und das antarktische Meereis zurück. Das Schmelzwasser führte im Zeitraum zwischen 16 000 Jahren vor der Gegenwart und heute zu einem Anstieg der Meeresspiegel um etwa 120 Meter, wobei der größte Teil dieses Anstiegs in die Zeit bis vor 8500 Jahren fällt. Dadurch veränderten sich die Küstenlinien der Kontinente: Tiefliegende Landmassen, die zuvor über dem Meeresspiegel lagen, wurden in wenigen Jahrtausenden überflutet, unter anderem der Persische Golf westlich von Hormuz sowie Beringia, eine Landbrü-

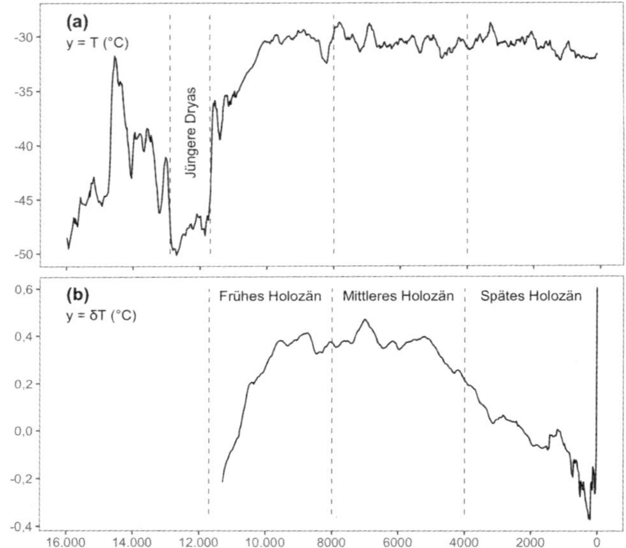

Abb. 2: Temperaturverlauf am Übergang ins Holozän und während des Holozäns: (a) Temperaturen in Grönland (absolute Werte, Temperatur = T in °C) in den letzten 16 000 Jahren. (b) Globale Temperaturschwankungen während der letzten 11 300 Jahre: Abweichung (δT) in °C vom Mittel der Vergleichsperiode 1961–1990.

cke zwischen Sibirien und Alaska, die bei der Erstbesiedelung des amerikanischen Kontinents während des letzten Glazials eine Schlüsselrolle gespielt hatte. Zwischen Mittelmeer und Schwarzem Meer entstand eine Wasserverbindung. Die Nordsee erweiterte sich beträchtlich, und aus Gletschermassen entstand die Ostsee. Besonders die Unterbrechung der Beringia-Verbindung hatte weitreichende Konsequenzen, weil die amerikanische Urbevölkerung für einige Jahrtausende von Eurasien abgeschnitten wurde. Der Kontakt mit Europäern nach 1492 hatte unter anderem deshalb katastrophale Folgen (s. Kapitel 4).

Am Übergang ins Holozän stiegen aber nicht nur die Meeresspiegel, sondern auch die atmosphärischen CO_2-Konzentrationen, und zwar von 220 ppm um 16 000 vor heute auf knapp

270 ppm um 11 000 Jahre vor heute. Denn die Ozeane und Veränderungen der Vegetation setzten zuvor gebundenen Kohlenstoff frei. Der CO_2-Anstieg in der Atmosphäre war Folge verschiedener natürlicher Rückkopplungen der Erwärmung am Übergang ins Holozän. Das Treibhausgas CO_2 wiederum hat diese Erwärmung weiter beschleunigt. Zu den orbitalen Faktoren der Erwärmung kam also auch eine natürliche Verstärkung des Treibhauseffekts hinzu. Die gleiche Kopplung von Faktoren – Veränderung der Solareinstrahlung durch Orbitalantrieb, Auswirkung auf den arktischen Sommer, Gletscherschmelze und steigende CO_2-Werte – findet sich auch bei früheren Übergängen von Glazialen zu Interglazialen während des Pleistozäns. In dieser Hinsicht ist das Holozän also keineswegs ungewöhnlich.

Und doch unterscheidet es sich markant von früheren Warmzeiten. Da ist zunächst seine ungewöhnlich lange Dauer. Der Klimaverlauf während des Pleistozäns zeigt überwiegend eine Abfolge von längeren Glazialen und weniger langen Interglazialen, die meist deutlich kürzere Erwärmungsphasen mit sich brachten als das Holozän. Die lange Dauer des Holozäns ist auch menschheitsgeschichtlich bedeutsam, denn sie hat die Ausbreitung der Landwirtschaft von den frühesten Zentren bis in die Peripherie begünstigt. Möglicherweise hat auch der Anstieg des Kohlendioxids in der Atmosphäre dabei eine Rolle gespielt. Kohlenstoff wird nämlich bei der Photosynthese in Biomasse (Kohlenwasserstoffen) gebunden. So haben seit Beginn des Holozäns größere Mengen an atmosphärischem CO_2 die Pflanzenproduktivität angetrieben. Es ist möglich, dass die Kultivierung von Pflanzen dadurch attraktiver wurde.

Eine andere ungeklärte Frage betrifft den Einfluss agrarischer Landnutzung auf das Klima. Sicher hatte die Landwirtschaft auch schon vor der Industrialisierung erhebliche Auswirkungen auf ihre lokale und regionale Umwelt. Aber schloss dieser Einfluss auch das Klima ein? Tatsächlich wurde der Wandel der Landnutzung als mögliche Erklärung für die lange Dauer des Holozäns ins Spiel gebracht. Noch vor der Industrialisierung könnten menschliche Einflüsse längerfristig zu höheren Treibhausgaskonzentrationen beigetragen haben als in früheren Warmphasen am Übergang in die darauffolgenden Kaltphasen. Allerdings ist dieser frühe anthropogene Einfluss umstritten, und es gibt alternative Erklärungsversuche (s. Kapitel 4).

Eine weitere Anomalie zeigt sich beim Blick auf den langfristigen Temperaturverlauf des Holozäns und ist ganz sicher anthropogen (Abb. 2 b). Auf den Abwärtstrend ab dem mittleren Holozän folgt am Ende der Kurve ein jäher Anstieg, der durch den industriell verstärkten Treibhauseffekt ausgelöst wurde. Der natürliche Abkühlungstrend, der normalerweise ins nächste Glazial führen müsste, wird durch die globale Erwärmung von heute umgekehrt. Bei einem natürlichen Verlauf sollte die Verringerung der Solarstrahlung in der Nordhemisphäre und damit die Abschwächung der arktischen Sommer unter dem Einfluss orbitaler Faktoren zur Zunahme der Vereisung im Norden führen, die sich ab einem bestimmten Punkt durch positive Rückkopplung selbst weiter verstärkt. Der anthropogene Treibhauseffekt aber unterbricht diese zyklische Abfolge auf unabsehbare Zeit. Er ist antizyklisch und macht ein Ende der Warmzeit, die mit dem Holozän begann, unabsehbar.

Übergänge (Natufien und Jüngere Dryas)

Die Anfänge der Landwirtschaft liegen am Übergang ins Holozän. Diese Parallelität hat die naheliegende Frage provoziert, welche Rolle das Klima für die Entstehung agrarischer Wirtschafts- und Lebensweisen und ihre Verbreitung gespielt hat. Sie ist weit schwieriger zu beantworten, als es auf den ersten Blick scheint. Wärmere Bedingungen alleine erklären wenig, denn bei der Domestizierung von Pflanzen und Tieren, beim Übergang zur Sesshaftigkeit und bei der Verbreitung der Landwirtschaft müssen wir mit langen Zeiträumen rechnen. Es handelt sich um komplexe Vorgänge, die sich über viele Generationen bis zu mehreren Jahrtausenden hinzogen, und währenddessen blieb das Klima nicht konstant.

Die Domestizierung von Nutzpflanzen wie Weizen begann bereits in einer Übergangsphase zwischen Altsteinzeit und Jungsteinzeit, die als Epipaläolithikum bezeichnet wird. Jäger- und Sammlergemeinschaften begannen, gezielt die Samen einzelner Sorten zu sammeln und sie auszusäen. Solche und andere Praktiken führten dazu, dass bestimmte Plätze immer wieder aufgesucht und systematisch über längere Zeit als Aufenthalt gewählt wurden. Dadurch reduzierte sich die Mobilität. Auch die Domestizierung bestimmter Haustiere wie des Hundes wurde von Jäger-Sammlern begonnen.

Die Erwärmung am Ende der letzten Eiszeit wurde jedoch auf der Nordhemisphäre für etwa 1000 Jahre durch einen Kälterückfall unterbrochen, der als «Jüngere Dryas» (ca. 12 900–11 700 vor heute) bezeichnet wird. Diese abrupte Abkühlung lag zwischen 2 und 6 °C. Als Ursachen tauchen immer wieder neue Erklärungsversuche auf, darunter auch ein Asteroid, der Nordamerika getroffen haben soll. Zuletzt haben einige Wissenschaftler den Ausbruch des Laacher-See-Vulkans als möglichen Auslöser ins Spiel gebracht. Der Vulkanausbruch wurde inzwischen durch Baumringanalysen um 126 Jahre auf 13 077 Jahre vor heute zurückdatiert, was ein früheres Einsetzen der Kälte in Teilen Europas erklären könnte. Für den Beginn der Jüngeren Dryas, die sich über die gesamte Nordhemisphäre erstreckte, liegt dieses Ereignis allerdings zu früh.

Weithin akzeptiert ist eine andere Erklärung, nämlich eine Abschwächung der nordatlantischen thermohalinen Zirkulation durch den Zufluss großer Mengen süßen Schmelzwassers. Dieses Zirkulationssystem transportiert warmes Oberflächenwasser aus tropischen und subtropischen Gebieten im Golf von Mexiko in den kühleren Norden und beeinflusst damit den Wärmeaustausch zwischen Atlantik und Atmosphäre. Es bringt Europa wärmere westliche Luftströmungen. Am Beginn der Jüngeren Dryas nun, so wird vermutet, flossen große Mengen kalten Schmelzwassers in den Nordatlantik, wodurch der Wärmetransport aus dem Süden unterbrochen wurde. Dieses Schmelzwasser stammte aus dem Laurentinischen Eisschild, das während der vorangehenden Eiszeit große Teile Nordamerikas bedeckt hatte.

Auswirkungen der Jüngeren Dryas auf die frühe Entwicklung

landwirtschaftlicher Lebensweisen lassen sich am Beispiel des Natufien studieren – so heißt das späte Epipaläolithikum im Raum der Levante. Die kulturelle Entwicklung, die dort um 14 500 vor der Gegenwart (12 500 v. Chr.) begann und 11 600 vor heute (9600 v. Chr.) endete, wurde nach archäologischen Fundorten im Wadi an-Natuf im Westjordanland benannt. Der Nahe Osten, besonders das Gebiet des Fruchtbaren Halbmonds, war das früheste Zentrum landwirtschaftlicher Entwicklung. Am Beispiel des Natufien, das archäologisch besonders gut erforscht ist, lässt sich die Kultivierung von Getreide und der Übergang zur Sesshaftigkeit im Wechselspiel mit beträchtlichen Veränderungen des Klimas studieren.

Im Nordosten Jordaniens wurden die ältesten Brotreste der Welt gefunden und auf 14 400 vor heute datiert. Eine größere Auswertung von Nahrungsresten aus der Fundstelle Abu Hureyra belegte, dass dort vor etwa 13 000 Jahren Getreide angepflanzt wurde. Aber noch wechselten die Gemeinschaften, die sich an diesen Orten aufhielten, ihre Lagerplätze, um der Jagd nachzugehen.

Die Jüngere Dryas brachte dann ab 12 700 vor heute Kälte und Trockenheit in die Levanteregion und veränderte die Vegetation. Die Wälder zogen sich zurück und hinterließen Steppe, was sich auf die Bestände großer Herdentiere wie Gazellen auswirkte. Die Essensreste in den Siedlungen des Natufien zeigen, dass weiterhin erfolgreich größeres Wild gejagt wurde. Aber die Jagd verlegte sich nun stärker auf kleinere Tiere wie Hasen, Füchse, Vögel oder Fische. Dadurch verengte sich das Jagdgebiet auf einen kleineren Umkreis um die Siedlungsplätze, wodurch wiederum die Sesshaftigkeit verstärkt wurde. Die zunehmende Größe einiger Hauptsiedlungen zeugt vom Bevölkerungswachstum in dieser Phase. Wahrscheinlich hängt sie mit der räumlichen Begrenzung der Jagd zusammen, die längere Aufenthalte im Basislager erlaubte. Die wachsenden Gemeinschaften hatten einen größeren Bedarf an Lebensmitteln. Steigerung der Produktion und Vorratshaltung im Winter waren die archäologisch gut belegten Folgen dieser Entwicklung.

Die früheste Domestikation einer Anbaupflanze, Roggen,

lässt sich in Eynan/Ain Mallaha im Norden Israels nachvollziehen. Mit der Klimaverschlechterung gingen den Menschen hier unter anderem die Nussbäume als Ressource verloren. Ergänzend zur Jagd verlegten sie sich zunehmend auf Wildroggen, den sie nach und nach kultivierten. Die neue Lebensweise zeigt sich auch an Veränderungen der materiellen Kultur, an neuen Werkzeugen wie Mörser und Stößel zum Zermalmen des Getreides oder Sicheln für dessen Ernte.

Insgesamt lässt sich festhalten, dass «die Jüngere Dryaszeit für ökologische Bedingungen sorgte, die die Domestikation von Tieren und Getreide förderten und die sozialen Veränderungen begünstigten, die bereits lange zuvor in der Region begonnen hatten» (Cunliffe, 10 000 Jahre, S. 42). Die Anpassungsprozesse an das kalt-trockene Klima der Jüngeren Dryas, die im Natufien beobachtbar sind, machen vor allem deutlich, dass es keine geradlinige kausale Verbindung zwischen warmen Klimabedingungen und Landwirtschaft gab. Zwar kam es später durchaus vor, dass landwirtschaftlich produzierende Gruppen auf kältere Klimabedingungen mit der Rückkehr zu Jäger-Sammler- oder zu halbsesshaften Lebensformen reagierten. Aber das hing nicht nur vom Klima, sondern ebenso von konkreten ökologischen und politischen Umständen ab. Das Natufien steht im Gegensatz dazu für Anpassungen an vermeintlich ungünstige Klimaveränderungen, die gleichwohl den bestehenden Trend zu Sesshaftigkeit und Landwirtschaft verstärkten.

«Neolithische Revolutionen» (frühes und mittleres Holozän)

Die Einführung und Verbreitung der Landwirtschaft war ein tiefer historischer Einschnitt. Sie stellte gesellschaftliche Entwicklungen auf die Grundlagen eines veränderten Energieregimes, das nun durch menschliche Kontrolle über die Produktion von Biomasse geprägt war. Das geschah indirekt über eine Auswahl domestizierter Pflanzen und Tiere. Diese agrarische Produktion wiederum hat menschliche Wirtschafts- und Lebensweisen radikal verändert. Sie hat ein Bevölkerungswachstum ermöglicht, das zuvor unbekannt war, und damit zur Ent-

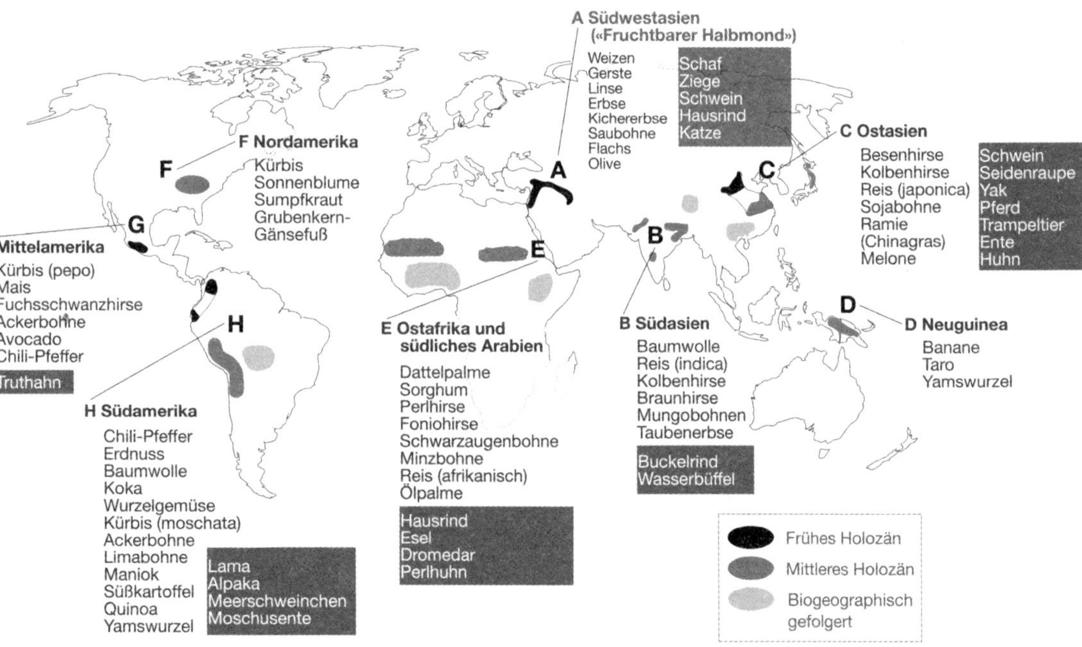

Abb. 3: Zentren der frühen Landwirtschaft mit den dort domestizierten Pflanzen und Tieren (grau hinterlegt).

stehung größerer Gemeinschaften beigetragen, die zunehmend arbeitsteilig organisiert waren. Sie hat «große Zivilisationen» mit komplexen Herrschaftsstrukturen hervorgebracht. Und sie hat die Beziehungen zwischen Menschen und Klima neu geordnet.

Dass die Landwirtschaft ein Wendepunkt der Menschheitsgeschichte war, bringt der Begriff «Neolithische Revolution» auf den Punkt. Der australische Archäologe Vere Gordon Childe (1892–1957) prägte ihn mit der Absicht, die agrarische der industriellen Revolution gleichrangig an die Seite zu stellen. Aber auf dem heutigen Stand der Forschung besteht die Gefahr, dass diese gute Idee zu Missverständnissen verleitet. Wir denken beim Wort «Revolution» unwillkürlich an eine plötzliche Umwälzung historischer Gegebenheiten. «Plötzlich» aber war der Übergang zur Landwirtschaft sicher nicht. Noch problematischer ist, dass sich Childe lediglich auf eines der Ursprungsgebiete agrarischer Domestizierung bezog, nämlich das Gebiet des Fruchtbaren Halbmonds. Das entsprach der älteren archäologischen Auffassung, wonach sich die Landwirtschaft allmählich von diesem Gebiet aus global verbreitet habe.

Diese Ansicht wurde längst revidiert. Heute ist von weltweit mindestens elf Ursprungsgebieten auszugehen, die geographisch weit voneinander entfernt liegen. Der Fruchtbare Halbmond, der sich über die heutigen Gebiete der südlichen Türkei, Syriens, Israels, Libanons, über palästinensische Territorien, Jordanien und Zypern erstreckt, war zwar das älteste, aber nicht das einzige dieser Zentren. Weitere entstanden in Nordchina, in Mesoamerika und im Gebiet der Anden. Zu diesen Zentren des frühen Holozäns kamen im Verlauf des mittleren Holozäns weitere hinzu (Abb. 3).

Domestizierung ist der Auswahlprozess, durch den bestimmte Spezies an die von Menschen veränderten ökologischen Bedingungen der Landwirtschaft angepasst werden. Menschen beeinflussten diesen Anpassungsprozess durch Selektion bei der Reproduktion, wodurch Pflanzen und Tiere mit der Zeit genetisch modifiziert wurden. Sie kontrollierten außerdem die Verbreitung dieser Spezies. Die Eingriffe in die Reproduktion veränderten den Phänotyp einer Spezies, also die Summe wahrnehmbarer Charakteristika, und führten zum Beispiel zu weniger aggressivem Verhalten bei Tieren oder stabileren Halmen bei Weizen. Diese Modifikationen nahmen längere Zeit in Anspruch. Die Herausbildung einzelner Anbaupflanzen zog sich über viele Jahrhunderte hin – bei Weizen, Gerste und Reis dauerte es sogar zwei bis vier Jahrtausende bis zur Herausbildung von Charakteristika, die sie zum intensiven Feldbau geeignet machten.

Die Domestizierung einer breiten Palette von Tier- und Pflanzenarten ist in verschiedenen Gebieten zeitlich weit gestreut. In Regionen Mittel- und Südamerikas fand der Prozess für Mais, Kartoffeln, Bohnen, Kürbis, Erdnüsse und andere Anbaupflanzen zwischen 9000 und 5000 v. Chr. statt. Sorghum und Perlhirse wurden zwischen 3000 und 2000 v. Chr. im Sahelgebiet domestiziert. Diese komplexe Chronologie unterstreicht, dass der Übergang ins wärmere Holozänklima für sich genommen wenig erklärt. Ein anderer, räumlicher Klimafaktor dürfte bedeutender gewesen sein: Die meisten Ursprungsgebiete der Landwirtschaft liegen geographisch in einem tropischen Gürtel zwischen 23,5° nördlicher und südlicher Breite. Bedingt durch die intensive ultraviolette Strahlung kommt es dort am häufigsten zu genetischen Mutationen, was die phänotypische Modifikation von Nutzpflanzen beschleunigt haben dürfte.

Auch wenn man annehmen muss, dass die Verbreitung der Landwirtschaft von mehreren Zentren ausging, gebührt dem Fruchtbaren Halbmond eine besondere Stellung in der Geschichte agrarischer Zivilisationen. Von dorther nämlich stammt die größte Zahl von Nutzpflanzen und Haustieren, die nach und nach weit über die Gebiete ihrer Herkunft verbreitet wurden: Weizen (Emmer), Gerste, Linsen, Erbsen, Kichererbsen, Saubohnen, Flachs und Oliven, Schafe, Ziegen, Schweine, Rinder und Katzen. Ihre Domestizierung begann vor 12 000 Jahren jeweils in verschiedenen Gebieten des Fruchtbaren Halbmonds. Gerste zum Beispiel wurde zuerst in der südlichen Levante kultiviert, Einkorn in Südostanatolien. Um 7000 v. Chr. hatte sich durch Tauschnetzwerke überall im Fruchtbaren Halbmond die gleiche Auswahl an Pflanzen und Tieren verbreitet. Die landwirtschaftliche Produktion hatte sich von einzelnen Spezies auf ein breiteres Spektrum verlagert, also großräumig diversifiziert. Voraussetzung dafür war, dass sich die kultivierten Pflanzen und domestizierten Tiere aus ihren ökologischen Ursprungsgebieten umsiedeln und an neue Bedingungen anpassen ließen. Dass dies möglich war, muss eine Art Schlüsselerfahrung gewesen sein, die für zukünftige «Transplantationen» der Landwirtschaft in andere Umwelt- und Klimabedingungen den notwendigen Optimismus hervorbrachte.

Das Klima des Frühholozäns war insgesamt ziemlich instabil. Die Meeresspiegel stiegen weiterhin relativ stark an und veränderten die Küstenlinien der Kontinente. Markant stechen Kälterückfälle heraus, besonders das sogenannte 8200-Jahre-Ereignis, der schwerste Kälterückfall seit der Jüngeren Dryas. Es markiert heute offiziell den Übergang ins mittlere Holozän, genauer gesagt, in der Terminologie der Geologie, den Übergang vom Grönlandium (11 700–8000 vor der Gegenwart) ins Nordgrippium (8000–4000 vor der Gegenwart). Der Kälterückfall, bei dem die Temperaturen in Europa um ca. 2 °C sanken, dauerte ungefähr 100 Jahre, also deutlich kürzer als die Jüngere Dryas. Auslöser war ein Süßwasserausbruch aus dem Agassizsee und dem Ojibwaysee in den Nordatlantik. Beide Seen hatten sich einige Jahrtausende zuvor, am Übergang ins Holozän, während der Schmelze des Laurentinischen Eisschildes in Nordamerika gebildet.

Die Auswirkungen des Ereignisses waren in Europa, Nordafrika und im Mittleren Osten zu spüren. Vor allem in Europa und im gesamten Raum der Levante führten niedrigere Oberflächenwassertemperaturen im Nordatlantik zur Verringerung der Niederschläge und langanhaltenden Dürren. Das beeinträchtigte sowohl sesshafte Gemeinschaften als auch Jäger-Sammler. Im Mittelmeerraum überschnitten sich diese klimatischen Veränderungen mit dem Übergang von der Mittleren Steinzeit (Mesolithikum) zur Neusteinzeit (Neolithikum), also mit dem Aufkommen landwirtschaftlicher Lebensweisen. Möglicherweise spielten die veränderten Klimabedingungen für Wanderungsbewegungen aus dem Nahen Osten eine Rolle, die Menschen mit dem notwendigen Wissen und den nötigen Ressourcen nach Europa führten. Die Landwirtschaft verbreitete sich jedenfalls in dieser Phase in Teilen Südosteuropas, in Anatolien und auf Zypern. Anschließend, im Laufe des 6. vorchristlichen Jahrtausends, erreichte sie die Atlantikküste. Um 5000 v. Chr. war die Neolithisierung der europäischen Halbinsel weit fortgeschritten, nur in Britannien, Irland und Skandinavien benötigte sie ein weiteres Jahrtausend.

Vom Zagrosgebirge aus verbreiteten sich domestizierte Arten und landwirtschaftliche Praxis ab dem 7. vorchristlichen Jahrtausend ins iranische Hochland und weiter ins Indusgebiet. In China entwickelte sich die Landwirtschaft zwischen 8000 und 6000 v. Chr. unabhängig voneinander in zwei Flussgebieten, um den Jangtsekiang und in den Tälern des Gelben Flusses. Um 5000 v. Chr. wurde im ägyptischen Niltal eine Form der Landwirtschaft praktiziert, die auf die Bewässerung durch die jährlichen Nilfluten und die Erneuerung der Böden durch fruchtbare Sedimente angewiesen war. Die domestizierten Spezies – Emmer, Gerste, Flachs, Schafe, Ziegen, Rinder und Schweine –, die dieses System trugen, waren Importe aus der südlichen Levante. Bevölkerungswachstum und die Entstehung von Ballungszentren waren Voraussetzungen für die Bildung eines dynastischen Staates um 3100 v. Chr. Die Ägypter überließen in der Landwirtschaft nicht alles der Natur, sondern entwickelten Bewässerungssysteme. Ein Großprojekt dieser Art, der Bau von Dämmen und Kanälen von bis zu 20 Kilometer Länge, spielte bei der Entstehung des Alten Reiches vermutlich eine Schlüsselrolle.

Die älteste Landwirtschaft, die auf künstlicher Bewässerung beruhte, war ab 5900 v. Chr. am Unteren Euphrat und Tigris in Obermesopotamien entstanden. Etwas später entwickelten sich dort auch die ersten Städte und die erste Zivilisation. Die jährlichen Überschwemmungen ermöglichten eine Intensivierung des Anbaus und eine erhebliche Steigerung der Erträge, die eine größere Zahl von Menschen ernähren konnte. Bewässerungssysteme waren allerdings aufwendig und erforderten gemeinschaftliche Arbeit, um sie zu errichten und aufrechtzuerhalten. Generell erklärt sich die Entstehung von komplexen Zivilisationen an Orten, die Bewässerungslandwirtschaft betrieben, durch Faktoren wie Intensivierung, Ertragssteigerung, verstärkte Organisation und Gemeinschaftsarbeit.

Landwirtschaftliche Lebensformen haben die Beziehung zwischen Menschen und Klima auf neue Grundlagen gestellt. Die Sesshaftigkeit führte zu dauerhaften Interaktionen mit Schwankungen bei Temperatur, Niederschlag und anderen meteorologischen Faktoren, die sich direkt auf den Anbau domestizierter Pflanzen und die Tierhaltung auswirkten. Da die Landwirtschaft in ihre jeweilige Umwelt eingebettet war (und ist), spielten auch Klimawirkungen auf die umgebende Vegetation und auf Schädlinge wie Heuschrecken eine wichtige Rolle. Dabei wirkte die Landwirtschaft selbst umweltverändernd und verstärkte damit, etwa durch Bodenerosion als Folge von Entwaldung, ihre eigene Verwundbarkeit gegenüber Klimaschwankungen und -extremen. Schließlich schuf sie, indem sie die Entstehung von Ballungszentren (Städten) ermöglichte, neue Bedingungen für die Ausbreitung von Krankheitserregern. Epidemien waren die Folge.

Agrarkulturen besitzen aber auch die Fähigkeit zur Anpassung an veränderte Bedingungen, was Klimaveränderungen mit einschließt. Die von verschiedenen Zentren ausgehende geographische Ausbreitung der Landwirtschaft in andere Klimazonen zeigt dies ebenso wie der Umgang mit Klimawandel an Orten, wo sich die Landwirtschaft bereits etabliert hatte.

Das Spätholozän bis vor 2000 Jahren

Eine neuerliche plötzliche Abkühlung um 4200 Jahre vor der Gegenwart markiert den Übergang vom mittleren ins späte Holozän. Seit 2018 ist die Bedeutung dieses gut belegten Ereignisses als Grenze für die Unterteilung des Holozäns offiziell anerkannt. Der Einschnitt bildet sich in einer Reihe ganz unterschiedlicher Sedimentablagerungen ab, die über alle Kontinente verteilt sind. Als Marker für die Grenze zum Spätholozän wählten die Geologen einen Tropfstein in der Mawmluh-Höhle, die im indischen Bundesstaat Meghalaya gelegen ist. Daher rührt die Bezeichnung «Meghalayum» für den Zeitabschnitt, der auf das Nordgrippium folgt, eine Bezeichnung, die für das späte Holozän übernommen wurde.

Die Ursachen für die plötzliche Abkühlung vor 4200 Jahren sind weniger klar als im Falle des Kälteeinbruchs vor 8200 Jahren. Es gibt keine belastbaren Hinweise auf große Zuströme kalten Schmelzwassers in den Nordatlantik, verstärkten Vulkanismus oder eine größere CO_2-Schwankung als mögliche Antriebskräfte. In höheren nördlichen Breiten nahmen die Gletscher wieder zu. In mittleren und niederen Breiten führte die klimatische Veränderung zu anhaltender Dürre.

Paläoklimatologen und einige Archäologen gehen von weitreichenden Auswirkungen des 4200-Jahr-Ereignisses auf agrarische Zivilisationen aus. Das häufige Ausbleiben der Nilhochwasser habe zum Ende des Alten Reiches in Ägypten beigesteuert (ca. 2700–2200 v. Chr.). Auch die Indus-Kultur soll beeinträchtigt gewesen sein, fand aber erst um 1700 v. Chr. ihr Ende. Mesopotamien, eines der Zentren der Entwicklung früher Agrarkulturen, war von einer extremen Dürrephase betroffen. Im Vergleich zu heute waren die durchschnittlichen Niederschläge um 4000 vor der Gegenwart erheblich verringert, und der Pegelstand des Toten Meeres erreichte in der Phase zwischen 6000 und 2000 Jahren vor heute um 4200 einen Tiefpunkt.

Die langanhaltende Dürrephase hatte zweifellos gravierende Auswirkungen auf die mesopotamische Landwirtschaft. Aber ob sie einen «Kollaps» des Akkadischen Reiches, des ersten in einer Reihe mesopotamischer Imperien, erklären kann, ist umstritten. Die Aufgabe einer Vielzahl von Siedlungen in der Haburebene im Norden Mesopotamiens ist ein wichtiges Indiz. In Tell Leilan wurden die Siedlungsstrukturen aus dieser Zeit unter einer knapp einen Meter dicken Schicht aus Schlick begraben, die vermutlich aus Verwehungen hervorgegangen ist. Eine frühere Hypothese, dass es sich um Vulkanasche handeln könnte, hat sich nicht bestätigt. Durch Schriftquellen sind überdies Flüchtlingsströme in den südlichen Landesteil gut belegt. Schrifttafeln zeigen nämlich eine Zunahme nördlicher Stammesnamen in Städten des Südens.

Allerdings sind nicht alle Archäologen vom Einfluss des plötzlichen Klimawandels überzeugt. Eine andere gängige Erklärung lautet, dass das akkadische Machtgefüge durch die Uneinigkeit der Städte Babyloniens und durch äußere Feinde wie die iranischen Marhashi, die Guti aus dem Zagrosgebirge und die nordsyrischen Amoriter zu Fall gebracht wurde. Alle diese Auseinandersetzungen sind ebenfalls durch Schriftzeugnisse belegt. Klimatische Faktoren sind dadurch allerdings nicht ausgeschlossen. Es ist möglich, dass die Dürre zu den inneren Spannungen des Akkadischen Reiches oder auf andere Weise zu dessen Ende beitrug. Aber die Rede vom klimabedingten Kollaps besitzt nur geringen Erkenntniswert, solange wir nicht wissen, auf welche Weise genau sich das 4200-Jahr-Ereignis auf die agrarische Produktion auswirkte und das akkadische Herrschaftssystem destabilisierte. Von einem Zusammenbruch der landwirtschaftlichen Produktion als solcher kann jedenfalls keine Rede sein. Auch nach dem Ende des Akkadischen Reiches wurde sie in Mesopotamien in großem Stil betrieben.

Das späte Holozän zeigt ab 4000 Jahre vor heute bis ins 19. Jahrhundert einen Abkühlungstrend, der auf den Orbitalantrieb des Klimas zurückzuführen ist. Dieser Trend wurde immer wieder zeitweilig von wärmeren und kälteren Schwankungen überlagert: von 3800 bis 3500 vor heute von einer frühbronzezeitlichen Kaltperiode, die von einer wärmeren Phase bis 2950 Jahre vor heute abgelöst wurde, auf die wiederum bis 2400 vor der Gegenwart erneut eine kältere Phase am Übergang von der Bronze- zur Eisenzeit folgte. Die Schwankungen der beiden letzten Jahrtausende setzten dieses Wechselspiel fort. Aber sie unterscheiden sich dadurch von allem Vorangegangenen, dass wir erheblich mehr über sie wissen. Darum beginnt mit ihnen ein neues Kapitel in der Geschichte des Klimas.

3. Zwei Jahrtausende bis zur Industrialisierung

Grundtendenzen

Die Klimageschichte der beiden letzten Jahrtausende ist sowohl, was die Rekonstruktion von Klimaschwankungen, als auch, was gesellschaftliche Interaktionen mit dem Klima angeht, besser belegt als in früheren Zeiten.

2019 hat ein Konsortium aus Klimawissenschaftlern, die «Pages-2k-Gruppe», eine neue globale Temperaturrekonstruktion für die letzten 2000 Jahre vorgelegt und damit das bis dahin gültige Bild geschärft. Es handelt sich um eine Synthese von weltweit 692 Rekonstruktionen aus ganz verschiedenen Proxies, unter denen Baumringe und tropische Korallen dominieren (Abb. 4 a). Wie bei jedem früheren Versuch dieser Art bestehen weiterhin einige Ungleichgewichte in der räumlichen und zeitlichen Verteilung der Daten. Räumlich überwiegt nach wie vor die Zahl der Rekonstruktionen für die Nordhemisphäre, und es gibt einige gravierende geographische Wissenslücken, wo nur wenige oder gar keine Rekonstruktionen vorliegen, vor allem auf dem afrikanischen Kontinent. Zeitlich verdichten sich die Rekonstruktionen, je mehr man sich der Gegenwart nähert. Die errechneten globalen Mittel sind deshalb für das 2. Jahrtausend n. Chr. zuverlässiger als für das 1.

Trotz dieser Schwierigkeiten führen die Daten der Pages-2k-Gruppe zu belastbaren Ergebnissen. Auch die Übereinstimmung mit Modellsimulationen ist hoch. Demnach koinzidierten kühlere Jahrzehnte mit Serien stärkerer Vulkanausbrüche (Abb. 5 b); Erwärmungsphasen folgten, wenn die vulkanische Aktivität sich abschwächte. Hier bestätigt sich, dass auf der historischen Zeitskala vor der Industrialisierung der Vulkanismus die wichtigste globale Antriebskraft war. Im Vergleich dazu spielten Schwankungen der Sonnenaktivität eine geringere Rolle (Abb. 5 a). Schon vor der Industrialisierung wirkten sich auch Schwankun-

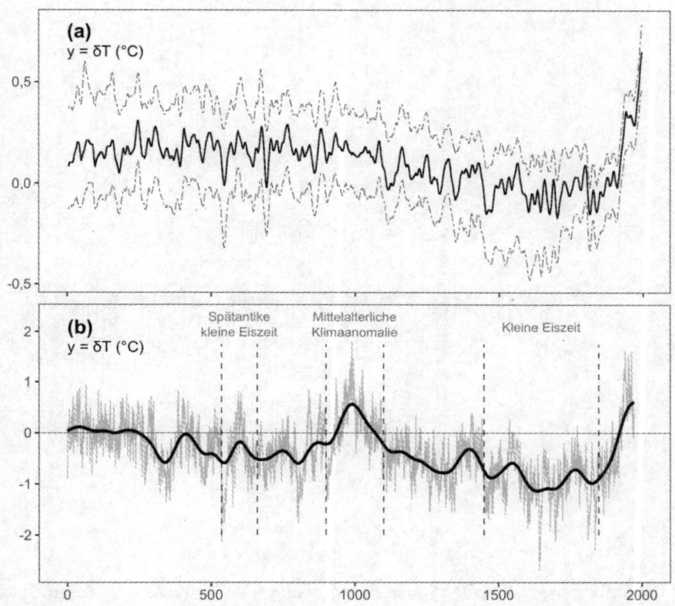

Abb. 4: Temperaturen in den letzten 2000 Jahren: (a) Globale Mitteltemperaturen (Rekonstruktion des Pages-2k-Konsortiums): Abweichung (δT) in °C vom Mittel der Vergleichsperiode 1961–1990 (schwarze Linie: 31-jährige Medianfilterung; die gestrichelten grauen Linien markieren das 95%-Konfidenzintervall). (b) Temperaturschwankungen in der Nordhemisphäre außerhalb der Tropen: Abweichung (δT) in °C vom Mittel der Vergleichsperiode 1880–1960 (schwarze Linie: 50-jährige gleitende Mittel, graue Linie: jährliche Schwankungen).

gen bei den atmosphärischen Treibhausgasen aus, wobei die Ursache für diese Schwankungen umstritten bleibt.

Sieht man vom anthropogenen Klimawandel im 20. Jahrhundert ab, war das 1. Jahrtausend n. Chr. wärmer als das 2. Das gilt nicht nur für die bodennahen Lufttemperaturen über den Landmassen, sondern auch für die Ozeane. Der natürliche Abkühlungstrend seit dem mittleren Holozän setzte sich also fort, bis dieser Trend schließlich «von Menschenhand» umgekehrt wurde. Die Erwärmung im 20. Jahrhundert fällt in jeder Hin-

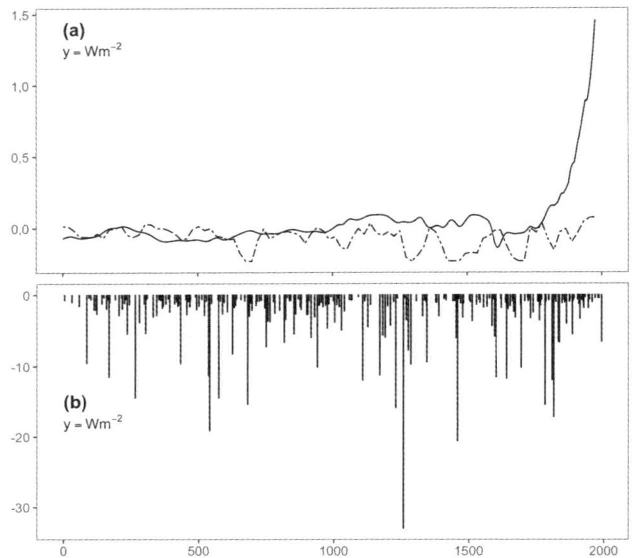

Abb. 5: Externer Klimaantrieb in den vergangenen 2000 Jahren: (a) Einfluss von Schwankungen der Sonneneinstrahlung und der Treibhausgaskonzentration in der Atmosphäre. (b) Einfluss des Vulkanismus auf die globale Strahlungsbilanz (jeweils in Watt pro Quadratmeter = Wm^{-2}). Zu beachten ist, dass die y-Skala in (b) relativ zu (a) etwa um den Faktor 20 verkleinert ist, damit die Schwankungen in (a) erkennbar bleiben.

sicht aus dem Rahmen. Sie ist etwa dreimal so stark wie irgendeine andere Erwärmung, die sich in den letzten 2000 Jahren über mehrere Jahrzehnte erstreckte. Beim Antrieb übernahmen Treibhausgase aus anthropogenen Emissionen das Ruder und drängten eine Mischung natürlicher Faktoren in den Hintergrund.

Was die Zeit vor Beginn systematischer Messungen (vor 1850) angeht, so zeichneten sich erst vor einigen Jahrzehnten in Rekonstruktionen für die vergangenen 2000 Jahre die Konturen bestimmter Klimaschwankungen ab. Bei der Einführung von Bezeichnungen wie «Mittelalterliche Klimaanomalie» oder «Kleine Eiszeit» stützten sich Wissenschaftler auf paläoklimatische Rekonstruktionen mit geographischem Schwerpunkt in der Nordhemisphäre außerhalb des tropischen Gürtels, besonders in Europa und Nordamerika (Abb. 4 b). Doch je mehr Daten aus anderen Gebieten, besonders aus der Südhemisphäre, verfügbar wurden, desto mehr glättete sich die Darstellung der globalen Mitteltemperaturen. Die zuvor relativ deutlich ausgeprägten wärmeren oder kälteren Phasen verschwanden, anders als die globale Erwärmung im 20. Jahrhundert, fast vollständig in einem langfristigen Abwärtstrend. Die alten Epochenbezeichnungen sind daher heute fragwürdig geworden. Während die Unterteilung des Holozäns nach dem Regelwerk der Internationalen Stratigraphischen Kommission festgelegt wurde, sind die mit Namen versehenen Klimaschwankungen der letzten 2000 Jahre keine standardisierten Bezeichnungen.

Es gibt dennoch mindestens zwei gute Gründe, wenigstens vorläufig an ihnen festzuhalten. Erstens haben sich Begriffe wie «Kleine Eiszeit» als Gedächtnisstützen für die Chronologie des Klimaverlaufs etabliert, so dass sie inzwischen mit einer längeren Forschungsgeschichte verbunden sind. Und zweitens lebt die große Mehrzahl der Menschen auf den Landmassen der Nordhemisphäre, die zusammen etwa 70 % aller Landmassen auf der Erde ausmachen. Eine Chronologie des Klimaverlaufs, die auf einem Übergewicht von Daten aus der Nordhemisphäre beruht, ist insofern nach wie vor sinnvoll und nützlich. Nicht nur in älteren, auch in neueren Synthesen sind in der nördlichen Hemisphäre außerhalb des tropischen Gürtels wärmere und kältere Phasen deutlich ausgeprägt und erlauben eine ungefähre Periodisierung entlang der traditionellen Begrifflichkeit.

«Römisches Optimum» und «Spätantike kleine Eiszeit»

Die letzten beiden Jahrtausende Klimageschichte beginnen in der Nordhemisphäre mit einer etwas wärmeren Phase. Dabei spielte die Sonnenaktivität keine besondere Rolle, während der Vulkanismus schwach ausgeprägt war. Mit gleichem Recht wie für die Mittelalterliche Klimaanomalie lässt sich also feststellen, dass das «Römische Optimum» im Hinblick auf die externen Antriebsfaktoren eine «Ruheperiode» war (Raymond S. Bradley). Auf das stabile und wärmere Klima folgte im 3.–5. Jahrhundert eine verstärkte Variabilität. Im 6. Jahrhundert kehrten die Vulkane auf den Plan der Klimageschichte zurück und sorgten ab 536 für eine der stärksten Abkühlungen auf einer Skala von Jahrzehnten, die sich in den letzten beiden Jahrtausenden abspielte.

Neueren Datums ist der Vorschlag, eine «Spätantike kleine Eiszeit» im Zeitraum von 536 bis um 660 zu definieren, der sich in erster Linie auf dendroklimatische Evidenz, also auf die Analyse von Baumringen aus den österreichischen Alpen und dem russischen Altai stützt. Damit würden ältere Bezeichnungen wie «Kaltzeit des Dunklen Zeitalters» («Dark Ages Cold Period») abgelöst, für die immer wieder verschiedene Datierungen vorgeschlagen wurden (z.B. 300–800 oder 400–765). Das zeigt, wie sehr neue paläoklimatische Untersuchungen, insbesondere aus der Dendroklimatologie, Anlass zur Neuordnung in der antiken und spätantiken Klimageschichte geben. Allerdings wurde auch der Vorschlag einer Spätantiken kleinen Eiszeit bisher nicht vorbehaltlos angenommen. Statt einer bis 660 ausgedehnten Periode bevorzugen manche Experten eine Eingrenzung auf die knapp anderthalb Dekaden zwischen 536 und 550. Das wäre dann eher eine «sehr kleine Eiszeit».

Doch so viel ist klar: Die antike Klimaforschung ist zuletzt stark in Bewegung geraten. Das gilt auch für die Diskussion der Klimafolgen. Dabei ist die alte Frage nach dem «Untergang des Römischen Reiches», die eine lange, bis ins 18. Jahrhundert zurückreichende Tradition hat, wieder aus der Versenkung aufgestiegen. Schon im 19. Jahrhundert war die ungefähre Abfolge einer wärmeren und einer anschließenden kälteren Phase bekannt, die gerne mit «Aufstieg und Fall» des Römischen Reiches parallelisiert wurden. Aber die Auffassung, das Römische Reich sei mit dem Klima verfallen, litt unter dem Makel, dass sie von klimadeterministischen Argumenten durchzogen war, wie man sie etwa bei dem Geographen Ellsworth Huntington (1876–1947) nachlesen kann. Sie war eben deshalb unter Historikern nie besonders beliebt.

Gleichwohl hat zuletzt der amerikanische Althistoriker Kyle

Harper die Klimathese wieder mit dem «Schicksal Roms» verflochten. Der Klimawandel vom Römischen Optimum zur Spätantiken kleinen Eiszeit und der Ausbruch großer Epidemien, besonders der Antoninischen (165–180/190), der Cyprianischen (250–270) und der Justinianischen Pest (541–549), habe entscheidend zum Ende Roms beigetragen. Der Kern des Arguments lautet, das warm-feuchte Klima des Römischen Optimums habe die Expansion des Reiches entscheidend gefördert und günstige Umstände für ein beträchtliches Bevölkerungswachstum geschaffen, unter anderem durch eine Ausdehnung der landwirtschaftlichen Flächen. «Das Klima war die entscheidende Prämisse für das römische Wunder. Es verwandelte das von Rom beherrschte Land in ein riesiges Gewächshaus» (Harper, Fatum, S. 89). Ägypten, der «Brotkorb des Reiches», war mit Bedingungen gesegnet, die für die Weizenproduktion günstig waren. Die Nilfluten fielen zwischen 30 v. Chr. und 155 n. Chr. vorwiegend normal aus, ein indirekter Hinweis auf stabile Niederschlagsverhältnisse in den Quellgebieten des Nils in Äthiopien, Ost- und Zentralafrika.

Die günstigen Witterungsverhältnisse, so Harper, schufen für Rom eine Abhängigkeit, die sich rächte, als das «Optimum» kühleren und im Mittelmeerraum insgesamt trockeneren Verhältnissen wich. Die Entwaldung, die für den Ausbau der agrarischen Versorgung notwendig gewesen war, habe sich unter den veränderten Bedingungen als zerstörerisch erwiesen. Sie trug zur Erosion der Böden und zur lokalen Veränderung der Niederschlagsverhältnisse bei. Außerdem entstanden durch das Bevölkerungswachstum im ganzen Reich neue Ballungszentren und damit die Voraussetzungen für den Ausbruch und die Verbreitung tödlicher Epidemien. Das römische Wunder verwandelte sich in einen Alptraum.

Diese Sichtweise unterstellt eine gewisse ökologische Eigengesetzlichkeit. Rom überspannte den Bogen, als die Bedingungen günstig waren: Die natürlichen Ressourcen wurden hemmungslos ausgebeutet und damit letztlich der Kollaps des Systems vorbereitet, der sich ereignete, als sich die klimatischen Bedingungen ins Ungünstige wendeten. Aber dieses Modell beruht auf

Annahmen über ökologische Grenzen, für deren Bestimmung es im Falle des Römischen Reiches in seiner Zeit keine zuverlässigen Maßstäbe gibt.

Unklar bleibt auch, wie sich die ökologischen Folgen auf die politischen Prozesse auswirkten, die in der Regel gemeint sind, wenn vom Ende oder «Untergang» des Römischen Reiches die Rede ist. Unter Kaiser Diokletian (reg. 284–305) wurde das Römische Reich in zwei Verwaltungseinheiten aufgeteilt, eine im Westen (Rom) und eine zweite im Osten (Byzanz). Das war die weitreichendste in einer Reihe von Reformen, durch die das Reich in einer schwierigen Phase konsolidiert werden sollte. Unter Konstantin und Theodosius I., der das mittlerweile in Konstantinopel umbenannte Byzanz zu seiner Residenz machte, verlagerte sich dann der Schwerpunkt in den Osten. Das Herrschaftsgebiet des westlichen Teils kollabierte im Laufe des 5. Jahrhunderts und schrumpfte auf das Gebiet des heutigen Italiens. Der wiederholte Einfall von «Barbaren» aus dem Norden – vor allem germanische Völker waren damit gemeint – machte die Grenzen des westlichen Reichsteils unsicher und löste sie nach und nach auf. Die sogenannte Völkerwanderung gilt bis heute als einer der Gründe für den Zerfall Westroms. In der Vergangenheit gab es immer wieder Versuche, auch sie mit Klimaveränderungen in Zusammenhang zu bringen. 476 schließlich setzte der in römischen Diensten stehende Odoaker den letzten Kaiser, Romulus, ab, was als offizielles «Ende Roms» gilt. Der östliche Reichsteil, das Byzantinische Reich, existierte etwa 1000 Jahre weiter und endete erst mit der türkischen Eroberung Konstantinopels 1453.

Die Vulkaneruption, die 536 am Anfang einer Serie kalter Sommer stand und vermutlich eine der kältesten Dekaden in den letzten beiden Jahrtausenden mit hervorbrachte, kann mit keinem bisher bekannten Vulkan in Verbindung gebracht werden. Aber Untersuchungen von Eisbohrkernen lassen keinen Zweifel daran, dass sich ein schwerer Ausbruch in nördlichen Breiten ereignet haben muss. In zeitgenössischen Quellen ist außerdem eine Abdimmung des Sonnenlichts für 536/37 belegt, unter anderem durch den byzantinischen Historiker Prokopius (um 500 – um 560) und einen Brief des römischen Senators und Konsuls Cassiodor (um 485 – um 580). Auch Zeugnisse aus China, Japan und Korea könnten auf atmosphärische Veränderungen Bezug nehmen, die durch diesen Ausbruch hervorgerufen wurden. Noch gravierender war die Eruption des mittelamerikanischen Ilopango im Jahr 540. 547 schließlich ereignete sich ein dritter, wenn auch weniger starker Vulkanausbruch.

Die Klimafolgen solcher Ereignisse lassen sich auf der Basis moderner Beobachtungen, die insbesondere im Zusammenhang mit der Pinatubo-Eruption im Jahr 1991 gemacht wurden, gut modellieren. Ein Absinken der Sommertemperaturen über einen Zeitraum von ein bis drei Jahren in großen Teilen der Nordhemisphäre, eine langsamere ozeanische Abkühlung und Ausdehnung des Eises um den Nordpol werden auch im 6. Jahrhundert zu den Folgen gehört haben. Die rasche Aufeinanderfolge dreier Vulkanausbrüche wird die ozeanischen Abkühlungseffekte verlängert haben. Gleichzeitig dürfte sie sich durch den Wärmeaustausch der Ozeane mit der Atmosphäre auf die bodennahe Luft über den Landmassen der Nordhemisphäre ausgewirkt haben.

Die Justinianische Pest ist nach dem oströmischen Kaiser Justinian (reg. 527–565) benannt. Ihm gelang in Kriegen gegen Vandalen und Ostgoten die Rückeroberung größerer Gebiete im Westen und damit eine Art Wiederherstellung des Römischen Reiches in seinen beiden Teilen. Dieser Zustand ließ sich allerdings nach dem Tod dieses Kaisers nicht perpetuieren. Schon die Vulkankälte von 536/37 bis etwa 550 koinzidierte mit einer Wendezeit: Die Staatskasse war durch Kriege und große Bauvorhaben geleert. Bulgaren fielen 539/40 in oströmisches Gebiet ein, die persischen Sassaniden griffen im Frühjahr 540 mit einem großen Heer an, und nur wenig später holten die Goten um ihren frischgekrönten König Totila (reg. 541/42–550) zum Gegenschlag aus. 541 erreichte die zuerst in Ägypten ausgebrochene Pest Konstantinopel und breitete sich bis 543 im ganzen Reich aus. Sie blieb danach im Gebiet des Byzantinischen Reiches und darüber hinaus endemisch. Immer wieder kam es zu Ausbrüchen, bis die Pest Mitte des 8. Jahrhunderts aus Europa wieder verschwand.

Die Rolle der Klimaanomalie zwischen 536/37 und 550 ist dabei unklar. Dass die Bevölkerung vor der Pest durch Ernteausfälle und Hunger geschwächt war, ist denkbar, aber nicht eindeutig belegt. Das gleiche gilt für eine mögliche Begünstigung der Ausbreitung des Krankheitserregers durch kältere Bedingungen in dieser Region. Mit dem Vorschlag einer Spätantiken kleinen Eiszeit, die von 536 bis um die Mitte des 7. Jahrhunderts anhielt, sind weitere Hypothesen verbunden. So wird über Auswirkungen auf das Gebiet der asiatischen Steppe und Nordchina, auf Türken und Mongolen im 6. und 7. Jahrhundert spekuliert. Sicher ist, dass neue Klimadaten, insbesondere aus der Analyse von Baumringen, der Erforschung der antiken und spätantiken Geschichte in den letzten Jahren wichtige Impulse gegeben haben. Aber bisher ist das ein Anfang ohne absehbares Ende. Belastbare Ergebnisse stehen aus.

«Mittelalterliche Klimaanomalie»

Als die Paläoklimatologie und die historische Klimaforschung in den 1960er Jahren Fortschritte machten, deutete vieles auf ein relativ mildes Klima im Hochmittelalter hin. Diesem Trend folgend, schlug der bereits erwähnte Klimaforscher Hubert Horace Lamb 1965 vor, für den Zeitraum zwischen 1000 und 1200 von einer «Mittelalterlichen Warmperiode» zu sprechen. Die meisten Temperaturrekonstruktionen, auf die sich diese Prägung stützen konnte, bezogen sich geographisch auf Europa und besonders auf die britischen Inseln, wo die Temperaturen im Jahresmittel ca. 1–1,5 °C über dem langjährigen Mittel lagen.

Die Tatsache, dass im mittelalterlichen England an einigen Orten Wein angebaut wurde, hat weit über die engen Kreise der Klimaforschung hinaus Aufmerksamkeit erregt. Bestimmte Interessengruppen sahen darin einen Beleg für ihre Behauptung, dass es im Mittelalter sogar wärmer war als im 20. Jahrhundert. Aber das ist schon lange durch Temperaturrekonstruktionen widerlegt. Außerdem lassen sich derart weitreichende Schlussfolgerungen niemals aus einer einzelnen historischen Tatsache wie dem Anbau von Wein ziehen. Solche Tatsachen müssen im

Kontext und vergleichend erwogen werden, will man ihre klimahistorische Bedeutung ermessen.

Die englische Weinproduktion diente im Mittelalter nahezu ausschließlich zur Verwendung als Messwein. Ihren Alltagsbedarf deckten die Engländer schon im Mittelalter vorwiegend durch Importe aus Frankreich, Spanien und Italien. Für den inländischen Weinbau, der regional weitgehend auf den wärmeren Südosten des Landes beschränkt war, zählte das «Domesday Book» aus dem Jahr 1086 40 Weinberge auf. Dass die englische Weinproduktion im 15. Jahrhundert einen Einbruch erlitt, hatte weniger mit den kälteren und feuchteren Bedingungen in den Sommermonaten zu tun als mit den Folgen der mittelalterlichen Pest für Arbeit und Löhne. Mortalitätskrisen hatten einen Arbeitskräftemangel herbeigeführt und die Löhne in die Höhe getrieben, was die englische Weinproduktion unrentabel machte. Anfang des 16. Jahrhunderts hatte sie sich aber schon wieder erholt. Zur Zeit Heinrichs VIII. (reg. 1509–1547) war die Zahl der Weinberge auf 139 gestiegen. Das Zusammenspiel von wirtschaftlichen und klimatischen Faktoren war offensichtlich komplex. Deshalb lassen sich aus der schlichten Tatsache, dass es in England im Mittelalter Weinbau gab, keine klimageschichtlichen Schlussfolgerungen ziehen. Im Unterschied dazu liefert die statistische Auswertung von Weinerntedaten, die vor allem in den großen Anbauregionen Frankreichs, im Burgund und in der Region um Bordeaux, teilweise bis ins Spätmittelalter zurückreichen, recht gute Rekonstruktionen des Temperaturverlaufs früherer Jahrhunderte.

Seit 1965 haben sich einige Korrekturen an Lambs Idee einer Mittelalterlichen Warmzeit ergeben. Das ist bei einer relativ jungen, sich rasch entwickelnden Wissenschaft wie der Paläoklimatologie nicht besonders überraschend. 1999 veröffentlichten Michael E. Mann, Raymond S. Bradley und Malcolm Hughes eine Grafik, in der die damals verfügbaren Temperaturrekonstruktionen für die Nordhemisphäre zusammengeführt wurden. Schon in dieser Darstellung war die Mittelalterliche Warmzeit so gut wie verschwunden. Optisch glich die Temperaturkurve einem Hockeyschläger: Über die ganze vorindustrielle Zeit zeigte sie langsam, aber stetig nach unten und schoss am Ende, mit der Klimaerwärmung des 20. Jahrhunderts, plötzlich nach oben. Die Veröffentlichung dieser Darstellung löste die sogenannte Hockeyschläger-Debatte aus, in der Leugner des anthropogenen Klimawandels behaupteten, die Daten seien von Mann und seinen Kollegen manipuliert worden. Mit der Mittelalterlichen Warmperiode ging eines ihrer wichtigsten Argumente verloren, nämlich dass es in den letzten 1000 Jahren auch ohne menschlichen Einfluss bereits wärmere Phasen gegeben habe als im 20. Jahrhundert. Damit sollte suggeriert werden, dass auch die Erwärmung des 20. Jahrhunderts natürlich sein könnte. Aber dieses Argument entbehrt jeder Logik. Eine Klimaerwärmung ist nicht deshalb natürlich, weil es frühere Erwärmungen gab, die natürliche Ursachen hatten. Der Unterschied zwischen natürlichen und anthropogenen Klimaveränderungen hängt von einer wissenschaftlichen Einschätzung physikalischer Wirkungskräfte, die in einem bestimmten Zeitraum das Klima beeinflussen, und ihres Verhältnisses zueinander ab.

Die Hockeyschläger-Kurve von Mann, Bradley und Hughes war nicht das Ergebnis statistischer Manipulation, sondern ergab sich aus einer im Vergleich zu Lamb größeren Zahl von Rekonstruktionen mit besserer räumlicher Verteilung. Alle neueren Rekonstruktionen, zuletzt auch diejenige des Pages-2k-Konsortiums, haben die Richtigkeit der Hockeyschläger-Darstellung bestätigt. Demnach gab es keine global ausgeprägte Mittelalterliche Warmperiode. Aber auch Lambs ältere Rekonstruktionen waren nicht einfach falsch, sondern ihre Aussagekraft war räumlich beschränkt. Lediglich seine Vermutung, dass die Erwärmung, die er in seinen Daten für das Mittelalter fand, einen globalen Trend widerspiegeln könnte, hat sich nicht bestätigt.

Auf dem aktuellen Stand der Forschung lassen sich zwischen dem 10. und 13. Jahrhundert nur in Teilen der Nordhemisphäre, vor allem in der Nordatlantik-Region, vergleichsweise warme Verhältnisse feststellen. In anderen Weltregionen, zum Beispiel im tropischen Pazifik, müssen wir zur gleichen Zeit von einer Abkühlung ausgehen. Aufgrund dieser fehlenden Globalität ziehen die meisten Klimaforscher heute die Bezeichnung

«Mittelalterliche Klimaanomalie» gegenüber dem ursprünglichen Namen von Lamb vor.

Mit der geographischen Ausdehnung verändern sich auch die Erklärungen. Wurde vor einigen Jahrzehnten noch ein Zusammenhang zwischen «Mittelalterlicher Warmzeit» und Sonneneinstrahlung vermutet, findet man heute in internen Antriebsfaktoren des Klimasystems wie der «Nordatlantischen Oszillation» Erklärungen für die regionale Ausprägung der Mittelalterlichen Klimaanomalie. Bei dieser Oszillation handelt es sich um eine Schwankung der Druckverhältnisse zwischen Islandtief im Norden und Azorenhoch im Süden, die für den atmosphärischen Wärmetransport nach Europa große Bedeutung hat. Vor allem im Zeitraum 850–1100 treten externe Antriebsfaktoren wie Vulkanismus, Treibhausgase oder Sonnenaktivität als Erklärung für Klimaschwankungen in den Hintergrund, weshalb Raymond S. Bradley von einer «Mittelalterlichen Ruhezeit» («Medieval Quiet Period») gesprochen hat. Interne Variabilität im Klimasystem vermag in dieser Phase am besten zu erklären, weshalb es lokal oder regional zu wärmeren Dekaden kam.

Die nordatlantische Wärmeanomalie begünstigte die Expansion der Wikinger, zunächst nach Island, dann nach Grönland und schließlich sogar, wenn auch nur für kurze Zeit, ins nordamerikanische Neufundland. Nach heutigem Kenntnisstand waren Norweger die ersten Europäer, die um das Jahr 1000 an einer Küste des amerikanischen Kontinents landeten und dort für kurze Zeit eine Siedlung hielten. Diese Siedlung wurde 1959 von dem norwegischen Archäologenehepaar Anne Stine Ingstad (1918–1997) und Helge Ingstad (1899–2001) im kanadischen L'Anse aux Meadows entdeckt.

Die Wikinger erreichten die Küste Nordamerikas von Grönland aus. Erik Raude (Erik «der Rote» Thorvaldsson, ca. 950–1003), der zuvor wegen Mordes von Island verbannt worden war, hatte dorthin 980 zunächst eine Entdeckungsfahrt unternommen. Die Besiedelung Grönlands erfolgte 985 mit 14 Schiffen. Angaben zu Schiffsbesatzungen in verschiedenen Quellen und Wikingerschiffe aus der Zeit selbst erlauben Rückschlüsse auf die ursprüngliche Zahl der Siedler, die auf 500–1500 Personen geschätzt wird. Diese gründeten zwei als «westliche» und «östliche» bezeichnete Siedlungen. Die Bevölkerung wuchs offenbar rasch an und erreichte auf ihrem Höhepunkt, Mitte des 12. Jahrhunderts, eine Zahl von 2000 bis 3000 Menschen in beiden Siedlungen zusammen.

«Grönland» bedeutet «grünes Land», was selbst für den subpolaren Teil Grönlands eine beschönigende Bezeichnung ist. Warum aber siedelten von Island kommende Norweger in dieser unwirtlichen Region? Die Forschung der letzten 20 Jahre hat darauf eine neue und ziemlich überraschende Antwort gefunden: Es war der Handel mit Elfenbein. Schriftquellen enthalten dazu wichtige Hinweise, etwa auf die langen Wege, die für die Walrossjagd in Kauf genommen wurden. Aber der Umfang und die Bedeutung des Handels mit Walrossstoßzähnen wurden erst in den letzten beiden Jahrzehnten erkannt und diskutiert. DNA-Untersuchungen an Elfenbeinproben, die aus den mittelalterlichen Handelszentren Trondheim, Bergen, Oslo, Dublin, London, Schleswig und Sigtuna stammen und überwiegend zwischen 900 und 1400 datiert wurden, deuten darauf hin, dass Europas Märkte um 1100 nahezu ausschließlich mit Walrosszähnen aus Grönland und Kanada versorgt wurden. Kunsthandwerker verwendeten Elfenbein für Ornamente, Kleidung und andere Gebrauchsgegenstände wie Schachfiguren. Heute wird der Handel mit Elfenbein als Hauptantriebskraft für die Expansion der Norweger nach Island und Grönland betrachtet. Es wird vermutet, dass die Walrosse in Islands Gewässern nach und nach ausgerottet wurden und die Wikinger sich neue Jagdgebiete erschlossen, bis an die Küste Neufundlands. Die günstigen klimatischen Verhältnisse um das Jahr 1000 boten ihnen die Möglichkeit zur Ansiedelung in Grönland. Es war also nicht die Erschließung neuer agrarischer Gebiete, die den Antrieb gab, sondern der Rohstoff Elfenbein. 1126 gründete die Kirche eine Diözese in Gardar, 1261 erkannten die Grönländer die Herrschaft des Königs von Norwegen an. Auch ihre Steuern, sowohl an den König wie an die Kirche, entrichteten die Grönländer in Form von Elfenbein.

Wie und wann genau es zum Ende der Wikingersiedlungen in

Grönland kam, ist eine Frage, die seit dem frühen 18. Jahrhundert immer wieder gestellt wurde. 1721 begab sich der Missionar Hans Egede (1686–1758) auf die Suche nach den Grönlandwikingern. Was er fand, waren die Überreste ihrer verlassenen Siedlungen, die ihm die Inuit zeigten. Schon Egede zog, neben anderen Vermutungen wie einer fatalen Auseinandersetzung mit den Inuit, in Betracht, das Klima könnte den Norwegern zugesetzt haben. Tatsächlich zeigen die Temperaturen einen Abwärtstrend nach einem zwischenzeitlichen Hoch zur Zeit der Gründung der beiden Wikingersiedlungen um das Jahr 1000. Eine erste Phase niedrigerer Temperaturen setzte nach 1250 ein. Ab 1400 folgte dann eine deutliche und anhaltende Abkühlung. Die westliche Siedlung kollabierte zwischen 1350 und 1400, um 1450 wurde auch die östliche Siedlung aufgegeben.

Noch in den 1980er Jahren waren Archäologen davon überzeugt, dass die Norweger in Grönland an ihrem landwirtschaftlichen Konservativismus zugrunde gegangen waren. Zu lange hätten sie am Feldbau, an der Vergrößerung ihrer Herden und an einer fleischhaltigen Nahrung festgehalten und damit die Chance zu einer erfolgreichen Anpassung an veränderte Klimabedingungen verpasst. Jared Diamond (* 1937) ging in seiner einflussreichen populären Darstellung mit dem Titel *Kollaps* so weit, den Grönlandwikingern einen wesentlichen Anteil an ihrem eigenen Untergang zuzuschreiben. Sie hätten durch Intensivierung ihrer traditionellen Landwirtschaft neue Umweltprobleme bewirkt, statt von den Inuit neue Jagdtechniken zu lernen und ihre Nahrung durch Robben und Fisch zu ergänzen. Als die sinkenden Temperaturen die Vereisung verstärkten und die Seewege nach Island und in die übrige Nordatlantikregion abschnitten, gingen sie mit ihren Siedlungen unter.

Aber diese Darstellung wurde zuletzt grundlegend revidiert. Neue Untersuchungen von Kohlenstoffisotopen in Überresten menschlicher Skelette konnten zeigen, dass der Anteil mariner Proteine zwischen dem 11. und 15. Jahrhundert stetig zunahm. Die Grönlandwikinger hatten sich also sehr wohl vom Viehbestand und ihrer traditionellen Ernährung gelöst und stattdessen ihren Bedarf zunehmend aus mariner Jagd gedeckt. Auch stammen 60–80% der Knochen aus Abfallhaufen, die auf kleineren, nördlich gelegenen Farmen gefunden wurden, von Robben. Selbst die landwirtschaftlichen Strategien zeigen einige wichtige Veränderungen. Die Siedlungen scheiterten also nicht, weil eine Anpassung an veränderte Klimabedingungen misslang, sondern allenfalls trotz Anpassung. Wahrscheinlich scheiterten sie aber nicht nur am Klima der «Kleinen Eiszeit», das sich im 14. Jahrhundert ankündigte, sondern auch an der Konkurrenz, die ihnen in dieser Zeit auf dem europäischen Elfenbeinmarkt entstanden war. Elefantenstoßzähne übernahmen schleichend diesen Markt. Für das Elfenbein aus dem Norden wurden nicht mehr so hohe Preise gezahlt wie zuvor.

Da während der Mittelalterlichen Klimaanomalie externe Antriebskräfte wie Vulkanismus keine dominante Rolle spielten, erklärt vor allem interne Variabilität viele Unterschiede, die sich in der Entwicklung des Klimas vom 9. bis 13. Jahrhundert lokal beobachten lassen. Das nordamerikanische Klima war über den gesamten Zeitraum von 900 bis 1300 von längeren Dürreperioden geprägt. Sie wirkten sich zum Beispiel auf die Anasazi, die Vorfahren der Pueblo-Völker von Neumexiko und Arizona, aus. Ihre «Great Houses», mehrstöckige gemauerte Behausungen, die sie im Chaco Canyon und andernorts während der sogenannten Pueblo-II-Ära (ca. 900–1150) errichteten, gehören zu den eindrücklichsten Überresten präkolumbischer Kulturen in Nordamerika. Sie befinden sich im Grenzgebiet der heutigen US-Bundesstaaten Kalifornien, Nevada, Utah und Colorado, das als «Four-Corners»-Gebiet bezeichnet wird. Die Anasazi hatten zu Beginn des 1. Jahrtausends den Maisanbau übernommen, außerdem bauten sie Kürbis und Bohnen an und züchteten Truthähne. Ihre Felder bewässerten sie mit ausgeklügelten Systemen. Ein Straßennetz verband das Zentrum in Chaco Canyon mit den umliegenden Dörfern und ermöglichte die Versorgung mit Holz und Grundnahrungsmitteln.

Zwischen 1135 und 1180 setzten die Monsune im amerikanischen Südwesten immer wieder aus. Die Dürre traf eine bis dahin stetig weitergewachsene Bevölkerung, wobei die Zuwanderung anderer Gruppen in die Region das Wachstum der

Bevölkerung zusätzlich verschärft hatte. Um 1150 wurde die zentrale Siedlung im Chaco Canyon aufgegeben. Archäologen kamen anhand von Bevölkerungsschätzungen, Simulationen der Maisproduktion und des Rückgangs an Wildbeständen im Chaco Canyon zu dem Schluss, dass die Pueblo-Bewohner zunehmend in Versorgungsstress geraten waren. Einige Anasazi verließen Chaco Canyon in Richtung Mesa Verde, Colorado, wo sie sich in Felsbehausungen niederließen. Aber diese Siedlungsstruktur wurde während der nächsten großen Dürre von 1276 bis 1299 ebenfalls verlassen. Dieser endgültige Exodus aus dem «Four-Corners»-Gebiet hinterließ Spuren der Gewalt, zu denen auch Indizien für Kannibalismus gehören.

Kleine Eiszeit (1450–1850)

Unter allen Bezeichnungen, die für durchschnittlich wärmere oder kältere Klimaperioden der letzten beiden Jahrtausende eingeführt wurden, hat sich die «Kleine Eiszeit» am frühesten etabliert – nicht nur in der Klimaforschung, sondern auch in der Geschichtsschreibung. Der Begriff selbst wurde 1939 von dem in Amsterdam geborenen nordamerikanischen Geologen François E. Matthes (1874–1948) geprägt. Dieser bezog sich damit auf verschiedene Phasen von Gletschervorstößen im Verlauf des Holozäns, aber noch nicht exklusiv auf den Zeitraum, den wir heute mit der Kleinen Eiszeit verbinden.

Schon Anfang des 18. Jahrhunderts war bekannt, dass die Schweizer Grindelwaldgletscher im späten 16. und frühen 17. Jahrhundert Höchststände erreicht hatten. Um 1850 kam es noch einmal zu Höchstständen, bevor sich die globale Erwärmung bemerkbar machte. Das führte zunächst zu einer Datierung der Kleinen Eiszeit auf etwa 1560–1850. Aber diese Datierung konnte durch die Gletscherforschung im 20. Jahrhundert nicht bestätigt werden. Je mehr Untersuchungen über außereuropäische Inlandgletscher vorlagen, desto deutlicher zeigte sich die Ungleichzeitigkeit von Maxima und Minima in verschiedenen Teilen der Erde. Die Periodisierung der Kleinen Eiszeit löste sich allerdings nach und nach von der Gletscherforschung, weil mit der Zeit immer mehr Temperaturrekonstruktionen für die Jahrhunderte vor Beginn systematischer instrumenteller Messungen vorlagen. Der rekonstruierte Temperaturverlauf wurde zum neuen Maßstab. Dabei geschah aber Ähnliches wie zuvor bei den Gletschern: In den Rekonstruktionen der letzten zehn bis zwanzig Jahre zeigte sich, dass die Kleine Eiszeit vorwiegend ein Phänomen der nördlichen Hemisphäre und in keiner Phase global ausgeprägt war. Immerhin war die Kleine Eiszeit jedoch phasenweise geographisch weiträumiger ausgeprägt als die Mittelalterliche Klimaanomalie. Im 17. Jahrhundert und am Beginn des 19. Jahrhunderts hatte sie kurzzeitig wenigstens annähernd globale Ausmaße, besonders dann, wenn verstärkter Vulkanismus und Minima in der Sonneneinstrahlung zusammentrafen.

Über das Ende der Kleinen Eiszeit um die Mitte des 19. Jahrhunderts besteht mehr Einigkeit als über ihren Anfang, für den nach wie vor mehrere konkurrierende Datierungsvorschläge kursieren. Die zweite Hälfte des 13. Jahrhunderts zeigt in der Nordhemisphäre einen Abkühlungstrend. Einige Forscher haben vorgeschlagen, den Beginn der Kleinen Eiszeit in diese Phase zu datieren und den Ausbruch des Samalas 1257 auf der indonesischen Insel Lombok als ihren Auftakt zu betrachten. Tatsächlich war die Samalas-Eruption eine der mächtigsten im ganzen Holozän. Sie hat nicht nur in arktischen und antarktischen Eisbohrkernen indirekte Spuren hinterlassen, sondern auch in zahlreichen Schriftzeugnissen. An vielen Orten, zum Beispiel in England, führte sie im Jahr nach dem Ausbruch zu Ernteausfällen und Versorgungskrisen. Zuletzt wurde auch argumentiert, dass die Eroberung großer Teile Syriens durch die Mongolen 1258/59 durch die kälteren Bedingungen begünstigt wurde, dass dann aber durch die Rückkehr wärmerer Bedingungen 1260 die weitere Westexpansion aufgehalten worden sei. Die Mongolen unterlagen einem Mamlukenheer bei Ayn Jälüt.

Schon Mitte des 14. Jahrhunderts kehrte sich der Abkühlungstrend wieder um. Das Übergangsklima im 14. Jahrhundert hat dennoch die Aufmerksamkeit verdient, die es in den letzten Jahren erhalten hat. Im Nordatlantikraum war es durch eine starke Variabilität geprägt. Rekonstruktionen für England konnten zeigen, wie auf kalte und feuchte Frühlings- und Sommermonate immer wieder warme und trockene folgten. Die Landwirtschaft wurde durch diesen ständigen Wechsel vor besondere Herausforderungen gestellt. Kühle und feuchte Sommer trugen wesentlich zur Ertragskrise bei, die den «großen Hunger» von 1315–1317 auslöste, der weite Teile Europas erfasste. Der Hungertod stand am Anfang vom Ende einer Epoche des Bevölkerungswachstums und des zunehmenden Wohlstands. Zusammen mit dem «Schwarzen Tod», der Pest, von 1348–1350 markiert er einen Wendepunkt in der Geschichte des Spätmittelalters. Das Klima spielte in beiden Katastrophen sowie in einer Reihe weiterer Versorgungskrisen und Pestausbrüche eine wichtige Rolle.

Die verheerende Wirkung des «Schwarzen Todes» in Europa in den Jahren 1348–1350 ist jedoch vor allem damit zu erklären, dass der Pesterreger auf eine Bevölkerung ohne Immunität traf. Nur an ihrem Ausgangspunkt in Zentralasien wurde die Verbreitung in diesen Jahren von lokalen Klimabedingungen begünstigt, weniger in Europa selbst. Erst nachdem der Erreger *Yersinia pestis*, der in menschlichen Überresten aus Massengräbern nachgewiesen werden konnte, auch in Europa endemisch geworden war, lässt sich beim Ausbruch größerer Pestepidemien ein Zusammenhang mit bestimmten lokalen Witterungsbedingungen beobachten. Milde Winter, gefolgt von trockenen Frühlings- und Sommerverhältnissen, begünstigten die Vermehrung von Nagern und Flöhen, die für die Übertragung der Pest auf den Menschen eine entscheidende Rolle spielten. Besonders tödlich waren diese Ausbrüche, wenn die Bevölkerung durch Versorgungskrisen in unmittelbar vorangehenden Jahren physisch geschwächt war, wie dies in England in den Jahren 1438/39 der Fall war.

Um 1400 setzte erneut ein Abkühlungstrend ein. Die letzten Dekaden des 15. Jahrhunderts waren in Europa besonders harsch. Den Beginn der Kleinen Eiszeit um 1450 anzusetzen, macht insofern Sinn. 1450–1850 ist auch die in den neueren Berichten des Zwischenstaatlichen Ausschusses für Klimaänderungen (IPCC) bevorzugte Datierung. Aber es lässt sich ebenso vertreten, die eben beschriebene Übergangsphase mit hineinzunehmen und die Kleine Eiszeit auf den Zeitraum 1300–1850 zu datieren. Weder im einen noch im anderen Fall handelt es sich um exakte Wissenschaft. Und in jedem Fall sollte man im Auge behalten, dass es sich nicht um eine Periode kontinuierlicher Abkühlung handelte, sondern in diesem Zeitraum von vier oder fünf Jahrhunderten immer wieder wärmere Phasen auf kältere folgten. Die erste Hälfte des 16. Jahrhunderts war etwas wärmer als die zweite Hälfte des 15. Jahrhunderts. Ab etwa 1580 setzte eine neuerliche Abkühlung ein, und ihren Höhepunkt erreichte die Kleine Eiszeit im 17. Jahrhundert. Am Beginn des 18. Jahrhunderts stiegen die Temperaturen beinahe ebenso steil an wie am Übergang ins 20. Jahrhundert. Erst etwa ab den 1770er Jahren ging das Klima wieder in eine etwas kältere Phase über, die um 1850 endete. Damit erreichte auch die Kleine Eiszeit ihr Ende.

Wirtschaftliche und demographische Auswirkungen

Im gesamten Zeitraum der Kleinen Eiszeit kam es immer wieder zu agrarischen Produktionskrisen, die für kurze Zeit die Grundnahrungsmittel dramatisch verteuerten, zu Hunger und manchmal auch zu großer Mortalität führten. In Europa gab es mehrere witterungsbedingte überregionale Krisen dieser Art, so 1570–1572/73, Anfang der 1690er Jahre (besonders in Frankreich), 1740–1741 nach einem extrem kalten Winter mit Eisgang, 1770–1771 und 1816–1818.

Diese kleine Auswahl ließe sich mühelos um ähnliche Ereignisse ergänzen, nicht nur in Europa, sondern auch auf anderen Kontinenten. Ein starkes La-Niña-Ereignis in den Jahren 1788–1790, gefolgt von einem lange anhaltenden El Niño in den Jahren 1791–1793, setzte zum Beispiel den «First Fleeters» zu, die in Australien siedelten und mit dem Ostküstenklima nicht vertraut waren. Mit «La Niña» und «El Niño» werden die beiden Phasen der Südpazifischen Oszillation bezeichnet, die global das größte Zirkulationssystem für den Wärmeaustausch zwischen Atmosphäre und Ozeanen darstellt. «El Niño», «das

Christkind», steht für eine Erwärmung der Meeresoberflächentemperatur an der südamerikanischen Pazifikküste, die schon im vorletzten Jahrhundert von peruanischen Fischern regelmäßig um die Weihnachtszeit herum beobachtet wurde. Auf der australischen Seite des Pazifiks herrschen in dieser Phase kühlere Temperaturen vor. «La Niña» dagegen steht für das umgekehrte Phänomen, also kältere Wassertemperaturen im Osten (Südamerika) und wärmere im Westen. Die First Fleeters kannten weder das eine noch das andere Phänomen, das ihre Ernten in den ersten Jahren nach ihrer Ankunft stark beeinträchtigte.

Zweifellos lassen sich die Auswirkungen klimatischer Schwankungen besonders gut bei der landwirtschaftlichen Produktion greifen. Brotaufstände und soziale Konflikte hingen in Asien wie in Europa mit witterungsbedingten Ernteausfällen zusammen und konnten politische und soziale Systeme zeitweilig oder dauerhaft destabilisieren, wie sich am Wechsel von der Ming- zur Qing-Dynastie in China 1644 zeigen lässt. Ernährungskrisen, wie sie in der Geschichte der chinesischen Kaiserdynastien kein Einzelfall waren, hatten zuvor die Ming geschwächt. Das «Mandat des Himmels» besagte in China, dass der Himmel einen gerechten Herrscher schützte, sofern er die traditionellen Rituale achtete. Im umgekehrten Fall würde das Mandat wechseln. Diese Philosophie untergrub die kaiserliche Herrschaft immer dann, wenn Krisen in Serie auftraten und scheinbar nicht abbrechen wollten. Die christliche Vorstellung, dass Katastrophen Gottesstrafen seien, führte ebenfalls zur Hinterfragung herrschaftlicher Autorität und Legitimation, wenn das Krisenmanagement versagte. Aber das Gottesgnadentum, das Fürsten, Könige und Kaiser im frühneuzeitlichen Europa für sich in Anspruch nahmen, verstand sich als Geburtsrecht, das der «Himmel» einmal vergab und nicht wieder entzog. Der Vergleich unterstreicht die Bedeutung kultureller Faktoren für das Verständnis von «Klimafolgen», in diesem Fall für die politische Herrschaft.

Ins weite Spektrum sozialer Konflikte, die sich aus Klimaveränderungen ergeben konnten, gehören auch die Hexenverfolgungen im frühneuzeitlichen Europa. Im städtischen wie im ländlichen Raum standen oft handfeste soziale Auseinandersetzungen hinter der Suche nach Schuldigen für alle möglichen Formen des Unglücks. Schäden am Feld, an Tieren und Menschen, hieß es dann, seien durch Wetterzauber oder andere Formen des Schadenszaubers herbeigeführt worden. Der Zusammenhang zwischen witterungsbedingten Schäden an Feldfrüchten und Haustieren einerseits und Hexenverfolgungen andererseits ist in vielen Einzelfällen gut belegt. Es ist auffallend, dass sich auf dem Höhepunkt der Kleinen Eiszeit in Europa, im Zeitraum zwischen 1560 und 1630, die «Großjagden» in den Zentren der Verfolgung mehrten, besonders zwischen 1580 und 1630, in der Kernphase der Prozesse.

Wirtschaftliche Konjunkturschwankungen werden heute kaum noch mit dem Klima verbunden. Aber für vorindustrielle Wirtschaftsordnungen, in denen ohne Ausnahme die agrarische Produktion eine tragende Rolle spielte, liegt die Frage nach der mittel- bis langfristigen Bedeutung von Klimaschwankungen auf der Hand. Noch vor einigen Jahrzehnten war die Suche nach kausalen Zusammenhängen zwischen Klimazyklen und Konjunkturzyklen recht populär. Verwurzelt war sie in einer bis ins 19. Jahrhundert zurückreichenden Tradition der Parallelisierung wirtschaftlicher Schwankungen mit Sonnenfleckenzyklen, die sich inzwischen erledigt hat.

Dagegen werden die Ursachen der «Preisrevolution des 16. Jahrhunderts» immer noch diskutiert. Gemeint ist damit eine inflationäre Entwicklung von 1,2–1,5% im Jahresmittel, die sich im Zeitraum zwischen dem Ende des 15. und der Mitte des 17. Jahrhunderts feststellen lässt. Diese Inflationsrate erscheint niedrig im Vergleich zu heute, ist aber für die vorindustrielle Zeit ungewöhnlich hoch. Auffallend ist dabei eine deutlich höhere Preissteigerung bei landwirtschaftlichen Produkten. Löhne und Preise für gewerbliche Waren hinkten den Getreidepreisen hinterher.

Es gibt mindestens drei substantielle Erklärungsversuche für dieses Phänomen. Einer davon setzt beim Zahlungsmittel Geld an, also bei Gold- oder Silbermünzen. Generell gilt, dass in der Vormoderne der Tauschwert des Geldes an seinen Edelmetallgehalt gebunden war. Schon der Kleriker Martin de Azpilcueta aus

Navarra (1492–1586) vermutete, eine «Überflutung» Spaniens durch Gold und Silber aus der «Neuen Welt» könnte die Preise nach oben getrieben haben. Diese Geldmengentheorie ist noch immer verbreitet und nicht widerlegt. Bedeutender erscheint jedoch eine zweite Erklärung, die das Bevölkerungswachstum im 16. Jahrhundert berücksichtigt. Dadurch steigerte sich die Nachfrage bei Grundnahrungsmitteln, deren Produktion der zunehmenden Zahl an Essern hinterherhinkte. Drittens kommen auch klimatisch bedingte Produktionskrisen während der Kleinen Eiszeit als Erklärung in Betracht. Ihre kurzfristigen Auswirkungen auf die Schwankungen von Preisreihen sind hinlänglich belegt. Saisonale Klimarekonstruktionen vom 16. bis ins 18. Jahrhundert korrelieren gut mit Getreidepreisen an verschiedenen großen europäischen Handelsplätzen und können einen Teil der Preisschwankungen erklären. Ähnliches konnte auch für die Burgundischen Niederlande im 15. Jahrhundert gezeigt werden.

In Europa kam die Inflation in der zweiten Hälfte des 17. Jahrhunderts weitgehend zum Stillstand, kehrte aber in der zweiten Hälfte des 18. Jahrhunderts zurück. In China lässt sich ebenfalls im Verlauf des 18. Jahrhunderts eine starke inflationäre Entwicklung beobachten. Diese Parallele bietet sich für einen Vergleich an. Sowohl in Europa wie auch in China wuchs die Bevölkerung im Laufe des 18. Jahrhunderts beträchtlich. Aber in China kam es seltener als in Europa zu Versorgungskrisen. Die agrarische Produktion hielt dem Bevölkerungswachstum auch in klimatischen Stresssituationen weitgehend stand. Abgesehen von der Steigerung der Nachfrage und dem Klima ist die chinesische Inflation des 18. Jahrhunderts vor allem als Folge eines substantiellen Wachstums bei der Versorgung mit Silber zu betrachten. Letztlich erscheint aber plausibel, dass alle drei genannten Faktoren zusammenwirkten, wenn auch nicht überall in gleicher Weise.

Einige Historiker haben dem Klima der Kleinen Eiszeit große Bedeutung für eine «allgemeine Krise im 17. Jahrhundert» beigemessen. Das liegt nahe, wenn man bedenkt, dass das 17. Jahrhundert in der nördlichen Hemisphäre durchschnittlich das kälteste in den letzten 1000 Jahren war. Klimatisch könnte man sogar von einem «langen 17. Jahrhundert» sprechen, das spätestens in den 1590er Jahren begann und sich bis zu den Hungerkrisen der 1690er Jahre hinzog. Umstritten ist allerdings die Diagnose einer «allgemeinen Krise» im 17. Jahrhundert selbst, und zwar schon seitdem sie zuerst in den 1950er Jahren durch Eric J. Hobsbawm und Hugh Trevor-Roper vertreten wurde.

Wirtschaftshistoriker haben sich der Vorstellung einer allgemeinen ökonomischen Krise im 17. Jahrhundert weder für Europa noch für andere Weltteile vorbehaltlos angeschlossen. Über die ökonomischen Zweige Landwirtschaft, Gewerbe und Handel hinweg lassen sich keine einheitlichen Krisensymptome beobachten. Angetrieben von der kolonialen Expansion Europas expandierte der Handel global mit dem Ausbau von Handelsflotten. Einzelne Länder partizipierten dabei in sehr unterschiedlicher Weise an der entstehenden Weltwirtschaft, und sie waren phasenweise immer wieder in spezifischer Weise von Krisen betroffen. Hingegen gibt es kein Krisenmuster, das der Vorstellung einer allgemeinen Krise entsprechen würde.

Allein in Europa zeigen sich große Unterschiede von Land zu Land. Krisensymptome lassen sich in Spanien, Italien und im Heiligen Römischen Reich deutscher Nation identifizieren. Die spanische Krone musste zwischen 1557 und 1647 gleich sechs Mal ihren Bankrott erklären. Italiens wirtschaftliche Prosperität litt unter der Schwerpunktverlagerung der Handelsströme vom Mittelmeer in den atlantischen Raum, die sich im Laufe des 17. und 18. Jahrhunderts vollzog. Außerdem machte der wachsende Einfluss des Osmanischen Reichs in der Levante italienischen Handelsmetropolen wie Venedig zu schaffen. Die deutsche Wirtschaft insgesamt litt vor allem unter dem Einfluss und den Nachwirkungen des Dreißigjährigen Krieges (1618–1648).

Diesen Krisenländern stehen Nationen gegenüber, die nicht ins Bild einer «allgemeinen Krise» passen. England begann mit dem Ausbau seiner kolonialen Stellung und befand sich wirtschaftlich im Aufstieg. Die Republik der Vereinigten Niederlande erlebte ihr «goldenes Zeitalter» und wurde vorübergehend das wohlhabendste Land Europas. Dabei profitierte sie von einem hohen Grad der Urbanisierung und vom Kolonialhandel. Frankreich steuerte politisch in den Absolutismus und unterschied sich damit deutlich von Großbritannien, wo das Parlament durch die «Glorreiche Revolution» von 1688/89 gestärkt wurde. Aber auch Frankreich expandierte kolonial, und aus der Rivalität mit Spanien ging es als vorherrschende europäische Kontinentalmacht hervor. Hinzu kommt, dass die spanischen Kolonien jenseits des Atlantiks von der Schwäche der spanischen Krone profitierten, ihre Möglichkeiten zur Selbstregierung ausbauten und dies ökonomisch zu ihren Gunsten nutzten.

Es wird immer wieder behauptet, die Vielzahl der Krisen des 17. Jahrhunderts, vor allem Kriege, Epidemien und Hunger, hätten zu dramatischen Einbußen bei der Bevölkerung geführt. Tatsächlich folgte auf das Bevölkerungswachstum des 16. Jahrhunderts ein Jahrhundert der Stagnation. Aber Angaben über Bevölkerungsverluste von bis zu einem Drittel, wie sie von manchen Vertretern der Theorie einer «allgemeinen Krise» nicht nur für Europa, sondern für Eurasien insgesamt gemacht wurden, sind völlig überzogen. Die hohe Sterblichkeit, die es in Phasen der Krise immer wieder gab, lässt sich nicht auf ein ganzes Jahrhundert hochrechnen. In einer Welt, in der die Lebenserwartung ohnehin niedrig und die Zahl der Geburten deutlich höher war als heute, relativierte sich langfristig die Bedeutung von Unterernährung, Epidemien, Gewalt und Krieg für die Gesamtsterblichkeit. Das 17. Jahrhundert war zwar tatsächlich von einer Vielzahl solcher Krisen geplagt. Die Pest zum Beispiel brach mit einer Häufigkeit aus wie seit dem 14. Jahrhundert nicht mehr. Doch die Zahl der Geburten nahm nach Beendigung solcher Krisen stets überproportional zu, so dass die Verluste mittelfristig ausgeglichen werden konnten.

Experten der Bevölkerungsgeschichte schätzen, dass die europäische Bevölkerung in den ersten 50 Jahren des 17. Jahrhunderts um etwa 5 % schrumpfte. Um 1700 war sie dann wieder 5–10 % größer als um 1600. Global gesehen entschleunigte sich das Bevölkerungswachstum, wurde aber durch kurzzeitige demographische Einbrüche weder zum Stillstand gebracht noch war es rückläufig.

Es sieht so aus, als sei das Wachstum am Beginn des 17. Jahrhunderts vorübergehend an Grenzen gestoßen, weil die landwirtschaftliche Produktion vielerorts nicht mehr mithalten konnte. Hohe Lebensmittelpreise belasteten die Haushalte, und die Bevölkerung West- und Mitteleuropas reagierte mit bewährten Praktiken der Geburtenkontrolle. In Gesellschaften, in denen die Legitimität sexuellen Verkehrs zwischen den Geschlechtern und die des Nachwuchses eng an den kirchlichen Segen gebunden war, erwiesen sich spätere Heiraten als wirksames Instrument. Die Zeit der Fruchtbarkeit konnte so verkürzt, die Zahl der Geburten pro Frau reduziert werden. Allerdings wurde in Extremfällen auch «Kindsmord» verübt, besonders während akuter Versorgungskrisen. In Japan hieß diese Praxis *mabiki*. Sie wurde dort lange Zeit stillschweigend geduldet und besonders in der Zeit des Tokugawa-Schogunats von vielen Familien eingesetzt. In Europa war die Kindstötung zwar geächtet und wurde strafrechtlich verfolgt. Dennoch wurde sie sehr viel häufiger ausgeübt als lange angenommen.

Über die Krisenmortalität hinaus zeigte die Mangelernährung weitere Auswirkungen auf den menschlichen Organismus und damit auf den «physischen Körper» der Gesellschaft insgesamt. Für Frankreich liegen ab Mitte des 17. Jahrhunderts Musterungsdokumente vor, die unter anderem die Körpergröße beim Eintritt in den Militärdienst festhielten. Zumindest für die männliche Hälfte der Bevölkerung sind diese Angaben aussagekräftig. Demnach stagnierte die Körpergröße der Franzosen im 17. Jahrhundert bei um 1,62 m. Am Beginn des 18. Jahrhunderts stieg sie in nur zwölf Jahren um 4 cm an, nahm nach der Versorgungskrise von 1740 aber wieder leicht ab.

Festhalten lässt sich, dass die Auswirkungen klimatisch bedingter Engpässe bei der landwirtschaftlichen Produktion auf die Bevölkerung im 17. Jahrhundert gut greifbar sind. Allerdings sind die Spuren, die die Kleine Eiszeit in der Bevölkerung hinterließ, nicht alleine auf klimatische Einflüsse zurückzuführen, sondern auf ein Zusammenspiel mit anderen Faktoren und bestimmten Voraussetzungen, wie sie zum Beispiel durch das Bevölkerungswachstum im 16. Jahrhundert geschaffen worden waren.

Letzte Phase der Kleinen Eiszeit

Die finale Phase der Kleinen Eiszeit umfasst die ersten Jahrzehnte des 19. Jahrhunderts. Sie war geprägt durch eine Reihe bedeutender Vulkanausbrüche, die sich mit einem zweiten externen Antriebsfaktor überlagerten, nämlich einer leichten negativen Schwankung der Sonnenaktivität während des sogenannten Dalton-Minimums (1790–1830). Vor allem aus dem Einfluss einer verstärkten vulkanischen Aktivität ergaben sich globale Effekte, allerdings mit ganz spezifischen lokalen Folgen. Fünf schwere tropische Vulkaneruptionen in den Jahren 1808/09 (unbekannt), 1815 (Tambora), 1822 (Galanggung), 1831 (unbekannt, vielleicht Babuyan Claro) und 1835 (Cosigüina) wirkten sich jeweils für zwei bis drei Jahre auf die globale Strahlungsbilanz aus. Die Sulfat-Aerosole, die sich als Folge der Eruptionen in der Stratosphäre wie ein Film um die Erde legten, führten zu einem Effekt, der als globale Abdunkelung (engl. *global dimming*) bezeichnet wird. Es gab auch visuelle Effekte, die eine Folge der durch Aerosole veränderten Reflexion des Sonnenlichts waren und besonders in den Abendstunden auftraten. Manche Wissenschaftler erkennen Spuren dieser Veränderungen in der Landschaftsmalerei der Zeit, besonders in den Werken des englischen Malers William Turner (1775–1851).

Auf alle fünf großen Eruptionen folgte eine merkliche Senkung der Sommertemperaturen über den Landmassen der nördlichen Hemisphäre. In Europa verstärkten sich die Niederschläge und beförderten in Kombination mit den niedrigen Sommertemperaturen ein Wachstum der Alpengletscher, die um 1850 ein letztes Maximum erreichten. Modellsimulationen zufolge reagierte der Wärmeaustausch zwischen der Atmosphäre und den Ozeanen etwas langsamer, wodurch die Abkühlungseffekte um mehrere Jahre verlängert wurden. Wahrscheinlich erreichten die oberen Wasserschichten der Ozeane erst nach 1860 wieder den Wärmezustand des späten 18. Jahrhunderts. Die ozeanische Abkühlung wiederum wirkte sich auf die globalen Monsune aus: In trockenen und überwiegend trockenen Gebieten verringerten sich die Niederschläge. Afrika erlebte in den 1820er und

1830er Jahren zwei Dekaden ausgeprägter Dürre, besonders im Osten des Kontinents. Die Monsune schwächelten noch in den 1840er und 1850er Jahren.

Am besten untersucht sind die Auswirkungen des Tambora-Ausbruchs im April 1815 auf der indonesischen Insel Sumbawa. Auf der Insel selbst hatten die Einwohner keine Chance, sich rechtzeitig in Sicherheit zu bringen. Sie wurden von einem pyroklastischen Strom – einem tödlichen Gemisch aus Asche, Lava und giftigen Gasen – erfasst, der um vieles stärker gewesen sein muss als derjenige, der über das antike Pompeji hinwegfegte. Die Dörfer des Königreichs Tambora an den Hängen des Vulkans wurden anschließend meterdick unter Asche begraben. Auch in einem weiteren Umkreis von mindestens 1000 Kilometern waren die Auswirkungen des Ascheregens beträchtlich, mit jahrelangen Konsequenzen für die landwirtschaftlichen Erträge. Neben dem Ascheregen kam es zu einem Tsunami. Schätzungen der Opfer dieser unmittelbaren lokalen Folgen liegen bei über 100 000 Toten.

Erst nach mehreren Monaten machten sich die klimatischen Folgen des Vulkanausbruchs global bemerkbar. Modellsimulationen zufolge bildete sich nach etwa zwei Wochen ein tropischer Gürtel von Schwefelgasen, der sich durch die Erdrotation um den Äquator legte. Nach etwa acht Wochen oxidierten diese Schwefelgase zu Aerosolen, die sich in den darauffolgenden Monaten vom tropischen Gürtel aus über die Zirkulationssysteme in der Stratosphäre langsam wie ein dünner Film um den ganzen Planeten legten. Temperaturrekonstruktionen für die Nordhemisphäre zeigen eine Abkühlung um 1–2 °C in den Jahren 1816/17. In Europa fiel der Sommer 1816 praktisch aus – daher die Bezeichnung «Jahr ohne Sommer». Die Temperaturen wichen örtlich, zum Beispiel in Teilen Frankreichs und in der Schweiz, um 2–3 °C vom Mittel der Vergleichsperiode 1960–1990 ab, begleitet von starken Niederschlägen, besonders im Juni 1816. Auch Fröste, die teilweise bis in den späten Frühling anhielten, beeinträchtigten die Landwirtschaft.

In der Kombination waren dies typische Bedingungen für massive Ernteausfälle. Die Weizenpreise stiegen erheblich, am wenigsten in Großbritannien, am stärksten in der Schweiz und Bayern, wo sie 1817 zwei- bis dreimal so hoch waren wie vor der Krise. Der Hunger kehrte zurück und traf eine Bevölkerung, die in den vorangehenden Jahrzehnten rapide gewachsen war.

Vor allem jüngere Menschen suchten nach neuen Chancen im Ausland und verließen ihre Heimat. Zahlen für die Schweiz und Württemberg belegen, dass die transatlantische Migration stark zunahm. Allerdings strebten noch nicht alle Auswanderer 1816/17 nach Nordamerika, wie die Statistik der Zielorte für Württemberg belegt – andere Ziele wie Russland und England waren ähnlich beliebt. Erst in den nächsten großen Auswanderungswellen von 1849–1856, 1866–1873 und 1880–1883 zog es jeweils etwa drei Viertel der württembergischen Migranten nach Nordamerika. Dennoch kann die Tambora-Krise als eine Art Initialzündung für die transatlantische Abwanderung betrachtet werden – nicht nur, aber besonders für Deutschland, das sich im Laufe des 19. Jahrhunderts neben Irland zur größten Quelle für die amerikanische Zuwanderung entwickelte. Viele südwestdeutsche Auswanderer, die vorwiegend aus der von der Teuerung stark betroffenen bäuerlichen oder handwerklichen Bevölkerung stammten, nannten Nahrungsmittelknappheit als Motiv.

Heute würde man in diesem Zusammenhang wahrscheinlich von «Klimamigration» sprechen. Aber Anfang des 19. Jahrhunderts gab es weder ein wissenschaftlich fundiertes Verständnis klimatischer Auswirkungen von starken Vulkanausbrüchen noch eine zuverlässige Einordnung der Witterung der Krisenjahre in den mittel- oder langfristigen Klimaverlauf. Ländliche Bevölkerungen registrierten «Jahre ohne Sommer» wie 1816 allenfalls als Witterungsextreme, die sich von Generation zu Generation wiederholten. Zur Auswanderung bereite Menschen reagierten auf die indirekten Auswirkungen des Tambora-Ausbruchs, die sie selbst zu spüren bekamen, nicht auf eine von ihnen wahrgenommene Klimaveränderung.

Für Auswanderer nach Nordamerika spielte es kaum eine Rolle, dass das Tambora-Klima schon vor ihnen dort angekommen war. Die Sommertemperaturen sanken im Osten der USA ähnlich stark wie in Europa. Frost im Mai 1816 richtete in höher gelegenen Anbaugebieten der Bundesstaaten Massachusetts, New Hampshire und Vermont großen Schaden an. Am 7. und 8. Juni 1816 kam es zu einem Schneesturm, der weite Teile der Ostküste betraf. Doch trotz lokaler Ausfälle bei der Ernte war die landwirtschaftliche Produktion in den USA insgesamt so stark, dass hier keine Versorgungskrise entstand. Die USA konnten in den Krisenjahren sogar Weizen nach Europa exportieren. Die hohen Weizenpreise erzeugten kurzfristig Anreize für den Ausbau der agrarischen Produktion und beflügelten die Erwartung, dass landwirtschaftliche Produkte weiterhin zu hohen Preisen nach Europa verkauft werden könnten, was einige Akteure zu beträchtlichen spekulativen Investitionen verführte. Aber 1819 normalisierte sich die Lage in Europa, und die Preise brachen ein. Die darauffolgende Finanzkrise im amerikanischen Agrarsektor hielt bis Mitte der 1820er Jahre an und kann als indirekte Folge der Tambora-Jahre betrachtet werden.

In China markiert die Krise von 1816 den Anfang vom Ende einer Periode wirtschaftlicher Prosperität, die das 18. Jahrhundert über angedauert hatte. Die Krise von 1816 ging der wirtschaftlichen Depression während der Herrschaft des Kaisers Daoguang (reg. 1820–1850) unmittelbar voran, in der die britische «Kanonenbootpolitik» und der Opiumanbau zum Niedergang der Qing-Dynastie beisteuerten. Der Anbau von Opium in der Provinz Yunnan wiederum war eine Konsequenz von drei Jahren Vulkanklima, in denen der Reisanbau durch kalte Winde und flutartigen Regen zunichtegemacht worden war. Viele Kleinbauernfamilien der Region entschieden sich danach für den Anbau von Opium, der sich in wenigen Jahrzehnten über die Region hinaus nach Burma und Laos verbreitete. So entstand das «Goldene Dreieck» für den Drogenanbau. Später bot es Anlass für regionale, nationale und koloniale Konflikte wie die Opiumkriege 1839–1842 und 1856–1860, die China wirtschaftlich schädigten und zur Erosion kaiserlicher Macht beitrugen.

Diese gut erforschten Zusammenhänge zeigen, wie ein Vulkanausbruch und seine Auswirkungen auf natürliche Systeme, vor allem auf das Klima, sowie deren gesellschaftliche Wirkungen langfristige Entwicklungen (mit) anstoßen konnten. Aber es wäre irreführend, sie als notwendige Abfolge von Ereignissen aufzufassen, als habe der Tambora-Ausbruch eine wirtschaftliche Krise in den USA ausgelöst oder China in eine dauerhafte Staatskrise geführt. Vielmehr haben konkrete historische Umstände und menschliches Handeln mit den Klimafolgen zusammengewirkt und der Geschichte eine bestimmte, nicht voraussehbare Richtung gegeben. Diese Komplexität historischer Klimawirkungen lässt sich nicht weiter reduzieren.

Das gilt auch für die Verflechtung der Tambora-Eruption mit der Cholera. Diese brach 1817 in Bengalen aus, wo sie lange zuvor schon, wie in anderen Gebieten Südostasiens, endemisch war. Von dort lassen sich die Wege ihrer Verbreitung gut verfolgen. Britische Soldaten verschleppten sie zunächst von Bengalen in den Norden Indiens. Danach nutzte der Erreger die Handelswege europäischer Kolonialreiche für seine Verbreitung unter menschlichen Populationen. 1823 erreichte die Cholera Persien, 1829 Russland, 1830 Westeuropa, 1832 Nordamerika und Afrika.

Erst Ende des 19. Jahrhunderts wurde der Krankheitserreger *Vibrio cholerae* identifiziert. Gestützt auf Beobachtungen während der Hamburger Choleraepidemie von 1892, konnte Robert Koch (1843–1910) die Schlüsselrolle verunreinigten Wassers in Ballungszentren beschreiben. Diese wichtige Entdeckung ermöglichte eine Unterbrechung der Übertragungswege zwischen Menschen durch gezielte Hygienemaßnahmen bei der Abwasserregulierung. Auf diese Weise konnte die Cholera erfolgreich bekämpft werden. Der Blick Kochs war jedoch auf die menschlichen Übertragungswege eingeschränkt. Viel später erst wurde entdeckt, dass Menschen gar nicht die natürlichen Wirte des Bakteriums *Vibrio cholerae* sind. Es ist im Plankton heimisch, und das an ganz verschiedenen Orten auf der Erde. Erst von dort überträgt es sich unter bestimmten ökologischen Bedingungen auf den Menschen.

Die Sundarbans, die Mangrovenwälder in Bangladesch und im indischen Bundesstaat Westbengalen, gehören zu den Orten, wo dies im Zusammenspiel einer vielköpfigen Bevölkerung mit dem lokalen Ökosystem geschieht. Der indische Monsun spielt dabei eine Schlüsselrolle. Wenn der Sommermonsun ausbleibt, wirkt sich dies auf die natürliche Planktonproduktion aus und wird für die Reproduktion des *Vibrio cholerae* zum Stressfaktor. Es ist möglich, wenn auch nicht bewiesen, dass sich das Bakterium nach der Tambora-Eruption genetisch veränderte. Sicher ist, dass das bengalische Wetter 1816/17 verrückt spielte. 1816 war ein «Jahr ohne Monsun» (Gillen D'Arcy Wood), und auf die Dürre im Sommer folgten im Herbst 1816 Starkregenfälle, die das Ganges-Delta überfluteten. Die Flut spülte den Erreger *Vibrio cholerae* an die besiedelten Ufer und löste 1817 eine Epidemie aus, die weit tödlicher war als in früheren Jahren. Ohne die Briten und ohne den Kolonialhandel wäre aber auch dieser Ausbruch der Cholera, wie so viele frühere, lokal begrenzt geblieben.

Der Ausbruch des Tambora und seine Folgen wirkten in einer Welt, die wirtschaftlich stärker vernetzt war denn je zuvor, die von wachsenden Wanderungsbewegungen und beschleunigter Mobilität geprägt wurde und dabei zugleich auf den Pfad einer ungleichen Entwicklung eingebogen war. Die Industrialisierung hatte gerade begonnen. Sie beflügelte die imperialen Ansprüche Europas und zementierte seine Vormachtstellung für mindestens ein Jahrhundert. Ohne dass dies am Beginn des 19. Jahrhunderts irgendjemand geahnt hätte, bedeutete die Industrialisierung auch den schleichenden Übergang zu einem dominant anthropogenen Klima.

Klimaanpassung in der «Neuen Welt»

Die Klimageschichte der Kleinen Eiszeit wirkt in vielen Darstellungen wie eine Aneinanderreihung von Krisen und Katastrophen. Das hat mit der Aufmerksamkeit zu tun, die man entsprechenden Ereignissen in der Forschung bisher geschenkt hat. Aber es gab in der frühen Neuzeit noch ganz andere einschneidende Klimaerfahrungen. Das gilt für die koloniale Erfahrung in der Karibik und auf dem amerikanischen Kontinent. Sie führte zur ersten bedeutenden Klimadebatte überhaupt, in der sowohl Fragen der Anpassung wie auch solche des Klimawandels im Mittelpunkt standen.

Die aktive Auseinandersetzung mit unvertrauten Umwelt- und Klimabedingungen hat in der Geschichte des Siedlungskolonialismus immer schon eine Rolle gespielt. Sie ist eng mit der Geschichte großer Imperien verflochten und ganz sicher kein spezifisch europäisches Phänomen. Kolonialismus stellte agrarische Wirtschaftsweisen stets vor die Herausforderung, sich an neue Bedingungen anzupassen. Die europäische Expansion ist dennoch ein besonderer Fall, weil sich aus ihr ein vergleichender Blick auf das Klima entwickelte, der für die Entstehung einer wissenschaftlichen Klimatologie von großer Bedeutung war. Alexander von Humboldt (1769–1859), einer der Pioniere der vergleichenden Klimawissenschaft, hat dies erkannt und in seinem Spätwerk «Kosmos» so zum Ausdruck gebracht: «Die Fortschritte der Klimatologie sind auf eine merkwürdige Weise dadurch begünstigt worden, daß die europäische Civilisation sich an zwei einander gegenüberstehenden Küsten verbreitet hat.» (Humboldt, Kosmos, S. 167) Der Klimadiskurs, der sich auf beiden Seiten des Atlantiks, in Europa und in Amerika, entwickelte, war Teil einer umfassenderen Auseinandersetzung Europas mit der «Neuen Welt». Er zeugt nicht nur vom wissenschaftlichen Wandel, sondern auch vom Einfluss bestimmter Klimatheorien auf koloniales Handeln.

Die koloniale Expansion war in mehrfacher Hinsicht mit dem Klima verflochten. Plantagen in tropischen und subtropischen Gebieten Amerikas ermöglichten die Produktion von Nutzpflanzen wie Tabak und Baumwolle, für die in Europa (und darüber hinaus) ein Markt entstand, für die aber auf dem «alten Kontinent» die natürlichen Wachstumsbedingungen fehlten. Allerdings war die Quote der europäischen Siedler, die an tropischen Krankheiten wie dem Gelbfieber verstarben, extrem hoch. Im kolonialen Diskurs verfestigte sich deshalb die Ansicht, dass tropische und subtropische Klimata für Europäer ungesund wären und ihnen eine Anpassung daran kaum möglich. Das Argument wurde zur Legitimation des transatlantischen

Sklavenhandels weitergestrickt. Tatsächlich wurden die meisten afrikanischen Gefangenen in tropische und subtropische Zielorte zwangsverschifft. Afrikaner galten als «vorangepasst» und insofern prädestiniert für die Arbeit auf Plantagen oder in Minen, die sich in diesen geographischen Breiten befanden.

Solche Betrachtungsweisen hatten ihre Wurzeln in antiken Ethnographien, wie man sie schon in den hippokratischen Schriften oder bei dem römischen Autor Vitruv (1. Jahrhundert v. Chr.) findet. Sie wurden im 18. Jahrhundert zu weitreichenden Theorien über den «Nationalcharakter» der «Völker» weitergesponnen. Das wohl prominenteste Beispiel dafür bietet Montesquieus 1748 veröffentlichtes Werk «Der Geist der Gesetze». Es ist heute vor allem für die Theorie der Gewaltenteilung bekannt, doch wirkungsgeschichtlich war die Klimatheorie Montesquieus lange Zeit mindestens ebenso einflussreich. Vor allem spätere Vertreter des geographischen Determinismus wie Friedrich Ratzel (1844–1904), Ellen Semple (1863–1932) und Ellsworth Huntington konnten noch im 19. Jahrhundert daran anknüpfen. Ihre Ideen waren nicht nur deterministisch, sondern oft unverhohlen rassistisch.

Auch über den Sklavenhandel hinaus beeinflussten Vorstellungen über den Zusammenhang von Klima und Anpassung die koloniale Bevölkerungspolitik. Als französische Beamte um 1750 über eine flussabwärts gelegene Erweiterung ihrer Kolonie in New Orleans nachdachten, hofften sie «wegen der Ähnlichkeit des Klimas» darauf, Siedler italienischer oder spanischer Herkunft anzuwerben. Sie regten außerdem an, «die Überfahrt von zwei- bis dreihundert Familien mit ihren Sklaven aus Martinique», einer französischen Kolonie in der Karibik, anzuordnen. Diese Menschen seien «an das heiße Klima und an die Feldfrüchte gewöhnt» und würden daher «die besten Voraussetzungen bieten, um einen Teil des Bodens zu bestellen» (zit. nach Mauelshagen, Migration, S. 428; Übers. d. Autors).

Auch bei Zwangsumsiedlungen, die im Raum des atlantischen Kolonialismus häufiger vorkamen, war das Klima ein Thema. Nach der Niederschlagung des Trelawny-Maroon-Aufstandes auf Jamaika deportierten die Briten im Sommer 1796 mehrere hundert jamaikanische Maroons nach Nova Scotia. Die Maroons wurden in Preston angesiedelt, zwei Meilen von Halifax, dem Zentrum der weißen Bevölkerung, entfernt. Sie reichten nur wenig später mit Unterstützung lokaler Juristen eine Petition für ihre erneute Umsiedlung in ein wärmeres Klima ein, das «Menschen ihrer Hautfarbe mehr entgegenkam». Der Gouverneur von Nova Scotia, John Wentworth (1737–1820), hielt dem entgegen, dass das Leben in einem gemäßigten Klima das «feurige Gemüt» der Maroons abkühlen würde, und brachte damit ein verbreitetes Klischee zum Ausdruck. Schließlich gab er jedoch nach, und zwar vor allem dem Druck der weißen Bevölkerung, die mehrheitlich eine Abschiebung der Maroons wünschte. Im Jahr 1800 wurden diese nach Sierra Leone in Westafrika umgesiedelt. Die jamaikanischen Maroons in Nova Scotia können als Präzedenzfall für spätere Debatten darüber gelten, ob und wie sich Afroamerikaner an den Norden der USA akklimatisieren könnten. Noch während der «Great Migration» im 20. Jahrhundert, als viele Afroamerikaner aus dem ländlichen Süden nordwärts, vor allem in die urbanen Zentren der Ostküste, wanderten, wurden solche Debatten geführt.

Nicht zuletzt beinhaltete der Diskurs über Klima und Wetter auch einen transatlantischen Erfahrungsaustausch über den Erfolg und Misserfolg von Pflanzen und Nutztieren. Ständig wurde in Europa mit Tier- und Pflanzenarten aus der «Neuen Welt» experimentiert. Wie bei der menschlichen Anpassung rückte die «Akklimatisierung» ins Zentrum des Interesses. Im französischen Sprachraum tauchte das Wort zuerst in medizinischen, landwirtschaftlichen und zoologischen Abhandlungen über die Kolonisierung der Karibik auf. Im Laufe des 18. und 19. Jahrhunderts entwickelte sich Akklimatisierung zu einem wissenschaftlichen Forschungszweig weiter, der in Disziplinen wie Botanik, Zoologie und Medizin (Tropenmedizin) hineinwirkte.

4. Einfluss der Landwirtschaft auf das Klima

Kolonialer Klimawandel

Die meisten Wissenschaftsgeschichten des anthropogenen Klimawandels beginnen mit der Entdeckung des Treibhauseffekts im 19. Jahrhundert. Aber die erste Debatte um einen von Menschen herbeigeführten Klimawandel wurde mindestens ein Jahrhundert früher geführt. Dabei ging es um die Auswirkungen von Landnutzung auf das Klima in den europäischen Kolonien. Im Mittelpunkt standen Aktivitäten, die typisch für den agrarischen Kolonialismus waren, wie ihn Europäer in Amerika, in der Karibik, in Teilen Ostasiens und später auch in Afrika betrieben: Entwaldung und Trockenlegung von Feuchtgebieten sollten «wilde» Landschaften mit den Mitteln der agrarischen Erschließung «zivilisieren». Mit denselben Mitteln konnte nach Ansicht vieler auch das Klima in wünschenswerter Weise modifiziert werden, das heißt: Zu kalte Winter oder zu warme Sommer sollten abgemildert, die Extreme bei den Jahreszeiten ausgeglichen werden. So die Theorie. Sie war umstritten und wurde unter Beteiligung vieler Denker von Rang und Namen wie Benjamin Franklin (1706–1790), Thomas Jefferson (1743–1826), Georges-Louis Leclerc de Buffon (1707–1788) und Alexander von Humboldt kontrovers diskutiert.

Ausgangspunkt war die Erfahrung ungewöhnlich kalter Winter in den englischen und französischen Kolonien des amerikanischen Nordostens. Die kalte Jahreszeit fiel erheblich kälter aus, als dies in Europa an Orten gleicher geographischer Breite der Fall war. Bei den Ursachen für diesen Unterschied gingen die Meinungen auseinander. Eine davon schien sich um die Mitte des 18. Jahrhunderts zu bestätigen, jedenfalls aus Sicht ihrer Anhänger: die These einer Veränderung des Klimas durch Abholzung, also durch menschlichen Einfluss. Aus heutiger Sicht war der Anstieg der Temperaturen in den ersten Jahrzehnten des 18. Jahrhunderts natürlich. Aber viele Zeitgenossen verknüpften diesen Erwärmungstrend mit ihren kolonialen Zivilisierungsideen.

Zu den ersten Autoren, die ausdrücklich von «Klimawandel» sprachen, gehörte Hugh Williamson (1735–1819), einer der «Väter» der Verfassung der Vereinigten Staaten von Amerika. 1770 führte er vor der American Philosophical Society in Philadelphia aus, viele Leute in Pennsylvania und benachbarten Kolonien hätten bemerkt, dass «über die letzten vierzig oder fünfzig Jahre ein deutlich beobachtbarer Wandel des Klimas» stattgefunden habe (Williamson, Attempt, S. 272; Übers. d. Autors). Die Winter seien nicht mehr so kalt wie zuvor, die Sommer weniger heiß. Williamson war davon überzeugt, dass Entwaldung und eine damit verbundene Glättung der Erdoberfläche eine Erwärmung der Atmosphäre bewirkt hatte. Seine physikalischen Erklärungsversuche zeigen ein dynamisches Klimaverständnis, das in vielen Aspekten neu, wenn auch aus heutiger Sicht völlig unhaltbar war.

Die Idee der Klimamodifikation durch Entwaldung veränderte den Blick in die Vergangenheit. Naturforscher und Geschichtsschreiber begannen, in schriftlichen Quellen und mündlichen Überlieferungen nach Zeugnissen zu suchen, die auf frühere Klimaschwankungen hinwiesen. In Grönland, Island und Skandinavien, aber auch im Alpenraum spielte dabei die Vergletscherung eine wichtige Rolle. Antike Zeugnisse, die von ungewöhnlicher Kälte berichteten, wurden überwiegend als Bestätigung für die These einer langsamen Erwärmung durch Entwaldung gedeutet. Unter anderen vertrat der Historiker Edward Gibbon (1743–1817) in seiner *Geschichte des Verfalls und Untergangs des Römischen Reiches* die Meinung, dass Europa in der Antike «viel kälter war als heute». Zumindest für die stark bewaldeten Germanengebiete erschien diese Behauptung gut belegt.

In den frühen 1770er Jahren verfasste der Pastor und Naturforscher Samuel Williams (1743–1817) eine Doppelabhandlung zum Klimawandel in Nordamerika und in Europa, in der die Anfänge der historischen Klimatologie und ihre kolonialen

Wurzeln besonders gut greifbar sind. Sie vermittelt den Eindruck, dass sich die europäische Geschichte der «Zivilisierung» der Natur durch den Ackerbau in Amerika wiederholte, nur mit größerer Geschwindigkeit. Williams argumentierte, der Klimawandel sei vor allem in einem «neuen Land» wie den Vereinigten Staaten wahrnehmbar, das sich schnell vom Zustand wüster, unkultivierter Wildnis in einen Zustand mit unzähligen Siedlungen verwandle. Mehr Siedlungen bedeuteten eine Multiplikation dieses Effekts, so dass das Klima Nordamerikas in kürzerer Zeit durch menschliche Aktivitäten verändert würde, als dies in der europäischen Vergangenheit geschehen war. Aus Williams sprach ein Gefühl der Beschleunigung.

Auch der französische Naturforscher Buffon war überzeugt: «Wenn man ein Land gesünder macht, anbauet und bevölkert, so teilt man demselben auf viele Tausend Jahre Wärme mit.» (Buffon, Epochen, 1781, Bd. 2, S. 157) Aber er ging noch weiter, indem er die koloniale Idee der Klimamodifikation aufs erdgeschichtliche Ganze ausdehnte. In der siebten und letzten Epoche seiner Naturgeschichte, in der «die Kraft des Menschen die Kraft der Natur» unterstütze, sah er eine Zukunft voraus, in der eine anthropogene Klimaerwärmung das schleichende Erkalten der Erde aufhalten könnte. Nur wenig später beschrieb der Philosoph Johann Gottfried Herder (1744–1803) das «Menschengeschlecht als eine Schar kühner, obwohl kleiner Riesen [...], die allmählich von den Bergen herabsteigen, die Erde zu unterjochen und das Klima mit ihrer schwachen Faust zu verändern». Der Mensch sei «auch darin zum Herrn der Erde gesetzt», dass er das Klima «durch Kunst ändre» (Herder, Ideen, S. 244). Es ist eine typisch aufklärerische Vorstellung, den christlichen Schöpfungsauftrag im Sinne einer Verbesserung der Natur auszulegen. Herder übertrug diesen Gedanken ausdrücklich auf das Klima und plädierte gleichzeitig dafür, diese künstliche Veränderung behutsam auszuüben. Es klang Kritik am kolonialen Projekt durch, wenn Herder davor warnte, «*mit stürmender Willkür einen fremden Erdteil sogleich zu einem Europa um[zu]schaffen* [...], wenn sie seine Wälder umhauet und seinen Boden cultivieret: denn die ganze lebendige Schöpfung ist im Zusammenhange und dieser will nur mit Vorsicht geändert werden» (Herder, Ideen, S. 256).

Die Idee einer Modifikation des Klimas durch Entwaldung verlor um die Wende zum 19. Jahrhundert ihre wissenschaftliche Basis. Die Klimatologie formte sich in dieser Zeit zu einer neuen Disziplin. Eine jüngere Generation von Naturforschern, zu denen neben Alexander von Humboldt auch der deutsche Geologe Leopold von Buch (1774–1853), der dänische Botaniker Joakim Frederik Schouw (1789–1852) und der französische Physiker François Aragó (1786–1853) gehörten, unterzog die These eines Klimawandels durch Veränderung der Landnutzung einer kritischen Untersuchung. Sie prüfte auch die antiken Schriftzeugnisse, die angeblich belegten, dass sich das Klima in Europa seit der Römerzeit erwärmt hatte. Schouw und Aragó studierten die meteorologischen Beobachtungen in diesen Quellen und verglichen sie mit neueren Beobachtungen zum Witterungsverlauf an den jeweiligen Orten. Dabei kamen sie zu dem Schluss, dass die schriftlichen Belege für die Diagnose einer Erwärmung des europäischen Klimas seit der Antike nicht ausreichten. Der junge schottische Physiker James David Forbes (1809–1868) resümierte 1835 in einem Überblick zum Stand der Forschung: «Die Meinung, dass das Klima eines besonderen Ortes oder der Erde überhaupt sich in der historischen Zeit wesentlich geändert habe, ist unwahrscheinlich.» (Forbes, Report, S. 214; Übers. d. Autors)

Die Frage des Klimawandels in historischer Zeit wurde im 19. Jahrhundert durch die Entdeckung der Eiszeiten in den Hintergrund gedrängt. Die erdgeschichtliche Chronologie wurde durch die moderne Geologie in unvorstellbar lange Zeiträume ausgedehnt, zunächst auf Jahrmillionen, im 20. Jahrhundert schließlich auf Milliarden von Jahren. Die Eiszeiten machten Klimawandel auf der Skala von einigen hunderttausend Jahren auch ohne die Methoden der Paläoklimatologie greifbar. Die Vorsicht, Klimaschwankungen auf der historischen Skala als «Klimawandel» einzuordnen, war auf diesem Stand der Forschung nur zu verständlich.

Die koloniale Wald-Klima-Debatte wirkte dennoch im 19. Jahrhundert weiter und bis ins 20. Jahrhundert hinein. Sie beeinflusste in einigen europäischen Kolonien sogar Wiederaufforstungsprogramme. Der Wald sollte Erosion aufhalten und in trockenen Gebieten die Niederschläge verstärken. Der britische Historiker Richard Grove (1955–2020) hat solche und ähnliche Maßnahmen an verschiedenen Orten der französischen und britischen Kolonialreiche nachgewiesen und sie mit guten Gründen als eine frühe Form des Umweltschutzes qualifiziert. Der aufgeklärte Optimismus einer anthropogenen Verbesserung des Klimas durch Entwaldung war jedenfalls gebrochen.

Wandel der Landnutzung

Seit den neolithischen Anfängen der Landwirtschaft hat sich die Landnutzung ständig verändert. Und trotz unzähliger Krisen und gelegentlicher Rückzüge, wie dem der Wikinger aus Grönland, wurde sie immer weiter intensiviert und ausgedehnt und hat die Ernährung einer wachsenden Zahl von Menschen ermöglicht. Im Vergleich zu den letzten beiden Jahrhunderten wirkt das vorindustrielle Bevölkerungswachstum allerdings bescheiden. Es stieß immer wieder an Grenzen, wurde durch Versorgungskrisen, wie sie der britische Ökonom und Bevölkerungswissenschaftler Thomas Robert Malthus (1766–1834) beschrieb («malthusianische Krisen»), zurückgeworfen und stagnierte über Jahrtausende bei durchschnittlichen Wachstumsraten, die heutigen Ökonomen kaum der Rede wert erscheinen. Auch herrschte in der Klimaforschung lange weitreichende Einigkeit, dass Auswirkungen einer gewandelten Landnutzung auf das Klima für die Zeit vor der Industrialisierung vernachlässigt werden könnten. Demnach gäbe es zwei Zustände des Klimasystems: einen natürlichen Zustand vor Beginn der Industrialisierung und einen anthropogenen, der sich im Anschluss daran entwickelte.

Diese vereinfachende Sichtweise wird seit etwa 20 Jahren nicht mehr vorbehaltlos geteilt. Die Klimawissenschaft ist heute mehr denn je an der Frage interessiert, wie sich der Wandel der Landnutzung seit Beginn des Holozäns, vor allem aber in den vergangenen 6000 Jahren, seitdem große agrarische Zivilisationen entstanden, auf das Klima ausgewirkt hat. Das ist inzwischen eine der offenen Schlüsselfragen der Klimaforschung, die ständig an der Verbesserung ihrer Modelle arbeitet. Besonders dringlich ist die Ergänzung der Modelle um eine Vegetationskomponente, die den Wandel der Landbedeckung und seine Auswirkungen auf das Klimasystem simulieren kann. Vor allem Pollenanalysen erlauben zeitlich weit zurückreichende Rückschlüsse auf die Landbedeckung und ihre Veränderung mit der Zeit. In den letzten 12 000 Jahren wurden diese Veränderungen von der Landnutzung und ganz besonders von der Landwirtschaft mit angetrieben.

In der Vegetation und in Böden sind bestimmte Mengen an Kohlenstoff und anderen Treibhausgasen wie Methan gespeichert. Veränderungen der Vegetation, seien sie natürlich oder menschlich, führen dazu, dass entweder noch größere Mengen an Kohlenstoff gebunden oder, im umgekehrten Fall, freigesetzt werden. Hinzu kommt ein weiterer klimarelevanter Faktor: die Veränderung der planetarischen Albedo, also der Rückstrahlung von der Erdoberfläche, durch eine veränderte Landnutzung. Alle diese Faktoren sind auch bei der Verwandlung von Wald oder Steppe in agrarische Nutzfläche im Spiel. Wir können davon ausgehen, dass sich Abholzung und Brandrodung in Phasen, in denen die landwirtschaftlichen Nutzflächen ausgedehnt wurden, auf den Kohlenstoffkreislauf auswirkten.

Die Bilanz sieht allerdings anders bei künstlich bewässerten Flächen aus, die zuvor nicht bewaldet waren. Hier kann es sein, dass Nutzpflanzen relativ mehr Kohlenstoff aufnehmen, als zuvor gespeichert war. Dienen Bewässerungssysteme jedoch dem Reisanbau, kommt ein anderes Treibhausgas ins Spiel, nämlich Methan. Die Emissionen dieses sehr wirksamen Treibhausgases nehmen auch beim Ausbau der Viehwirtschaft zu. Verschiedene Varianten des Ackerbaus und der Viehzucht wirkten sich also unterschiedlich aus. Trotz solcher Unterschiede kann als Faustregel angenommen werden, dass Expansionen der Landwirtschaft in der Vergangenheit mit einer Zunahme an Treibhausgasemissionen verbunden waren, während Landwirtschaft auf dem Rückzug die umgekehrte Wirkung hatte.

Weit schwieriger gestaltet sich die Suche nach einer Antwort auf die weitergehende Frage, ob sich der Wandel der Landnutzung schon vor der Industrialisierung in den bekannten atmosphärischen Konzentrationen der wichtigsten Treibhausgase widerspiegelt. Die Rekonstruktionen aus Eisbohrkernen können nämlich nicht zwischen natürlichen und menschlichen Quellen für Schwankungen in der Treibhausgaskonzentration unterscheiden. Um den Einfluss der Landnutzung auf die Treibhausgasbilanz des Planeten einschätzen zu können, sind Wissenschaftler auf komplizierte Modellrechnungen angewiesen.

Grundlage für Modellierungen waren bisher stets Bevölkerungsschätzungen, die jedoch mit zunehmenden Unsicherheiten behaftet sind, je weiter man in die Vergangenheit zurückblickt. Für das 20. Jahrhundert sind die Zahlen sehr zuverlässig. Bis 1600 zurück sind sie zumindest für Eurasien belastbar, während für die Zeit vor 1600 die Qualität allgemein deutlich abnimmt. Aus der Zahl der Menschen lässt sich der Kalorienbedarf einer Bevölkerung auf der Basis dessen errechnen, was für das tägliche Überleben des menschlichen Organismus notwendig ist. Wie dieser basale Kalorienbedarf einer Bevölkerung gedeckt wird, hängt von den jeweiligen Nutzpflanzen ab, durch deren Anbau die Ernährung von Menschen und Nutztieren gesichert wird. Das variiert von Region zu Region. Der Energieertrag bestimmter Anbaupflanzen und ihre jeweiligen Flächenerträge müssen mit dem Bedarf der Bevölkerung verrechnet werden. Daraus lassen sich dann Schätzungen der landwirtschaftlichen Flächennutzung und ihrer bevölkerungsbezogenen Veränderung ableiten.

Ruddimans These

In der Klimaforschung scheiden sich die Geister an der Frage, wie groß der Einfluss der vorindustriellen Landwirtschaft war und ob man schon vor der massenhaften Verbrennung fossiler Brennstoffe von einem anthropogenen Klimawandel sprechen kann. Vor allem der Paläoklimatologe William Ruddiman (* 1943) hat die Ansicht vertreten, dass bereits die ersten agra-

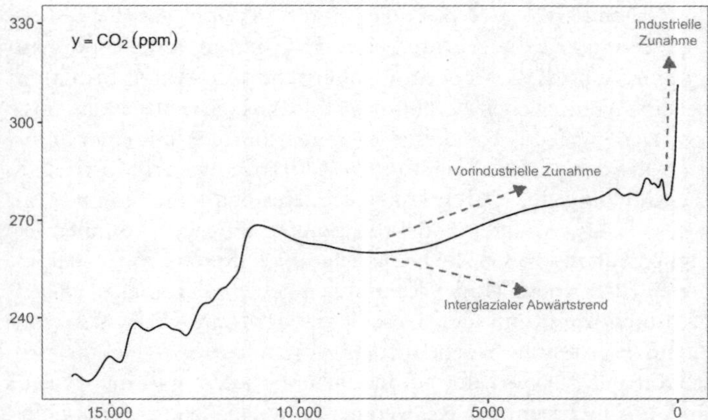

Abb. 6: Konzentration von Kohlendioxid (CO_2) in der Atmosphäre in parts per million (ppm) in den letzten 16000 Jahren.

rischen Zivilisationen ein anthropogenes Klima hervorbrachten. Denn das Holozän zeigt im Vergleich zu früheren Interglazialen einen ungewöhnlichen Verlauf bei der Konzentration von CO_2 und Methan in der Atmosphäre. Die CO_2-Werte sanken zunächst, wie zu erwarten, nach einem Höhepunkt um 10 500 vor der Gegenwart, stiegen ab 7000 vor heute aber wieder an (Abb. 6). Methan erreichte um 11 000 vor der Gegenwart einen Höhepunkt, nahm danach ebenfalls zunächst stetig ab, stieg aber um 5000 vor heute wieder deutlich an. Sowohl beim CO_2 wie bei Methan ist der Wiederanstieg überraschend, denn in früheren Interglazialen setzte sich der Abwärtstrend nach einem Maximum der solaren Einstrahlung in der Nordhemisphäre stets mehr oder weniger kontinuierlich fort. Der von diesem Muster abweichende Verlauf im Holozän lässt sich nicht mit dem orbitalen Antrieb erklären. Ruddiman schloss verschiedene alternative natürliche Erklärungen für den Wiederanstieg der beiden wichtigsten Treibhausgase aus und gelangte zu der Überzeugung, dass nur ein anthropogener Einfluss der frühen Landwirtschaft als Grund in Betracht komme.

Kontrovers bleibt vor allem der Anstieg des CO_2 ab 7000 vor der Gegenwart von etwa 260 ppm auf 285 ppm vor der Industrialisierung. Zu dieser Differenz von 25 ppm addierte Ruddiman 15 ppm, um die sich der atmosphärische CO_2-Anteil bis dahin bei einem natürlichen Verlauf des Holozäns hätte absenken müssen. Den größeren Teil dieser 40 ppm erklärte er mit einer Summe von 300–320 Gt (Gigatonnen) CO_2 aus der vorindustriellen Landnutzung. Jed O. Kaplan errechnete sogar eine Summe von 343 Gt CO_2. Andere Modellrechnungen hingegen kommen lediglich auf 50–70 Gt, die höchstens eine Differenz von 4–6 ppm ausmachen. Diese Modellrechnungen gehen allerdings über den gesamten Zeitraum der Geschichte der Landwirtschaft von einem konstanten Flächenbedarf von nur einem Hektar pro Person aus. Für die frühe agrarische Landnutzung ist demgegenüber anzunehmen, dass sie weniger hohe Flächenerträge erzielte und deshalb größere Flächen pro Person benötigt wurden. Außerdem sieht es so aus, als müsse die Schätzung des Bevölkerungswachstums in der frühen Phase der Landwirtschaft nach oben korrigiert werden. Darauf deutet ein sprunghafter Anstieg archäologischer Fundstellen hin, der sich sowohl in China als auch in Europa zwischen 7000 und 5500 vor heute feststellen lässt. Auch DNA-Untersuchungen legen nahe, dass verbreitete Schätzungen der Weltbevölkerung in dieser Zeit zu niedrig sind.

Es ist wichtig, diese Diskussion durch einen Blick auf den heutigen anthropogenen Klimawandel ins rechte Verhältnis zu setzen. Selbst wenn, was unwahrscheinlich ist, die höheren CO_2- und Methangaswerte vollständig der vorindustriellen Landnutzung zugeschrieben werden könnten, bliebe es gewagt, von einem «anthropogenen Klimawandel» zu sprechen. Die anthropogene Verstärkung des natürlichen Treibhauseffekts durch die Landwirtschaft würde selbst in diesem Fall weniger als ein Drittel des modernen anthropogenen Treibauseffekts ausmachen (133 ppm von 1850 bis 2022), und das über einen sehr viel längeren Zeitraum hinweg. Einig sind sich Klimaforscher zumindest darin, dass die Veränderung der atmosphärischen Treibhausgaskonzentration vor der Industrialisierung zu keinem Zeitpunkt natürliche Antriebskräfte des Klimawandels dominierte.

Ruddiman hat allerdings argumentiert, dass der von ihm errechnete anthropogene Treibhauseffekt dennoch kritisch war. Er verhinderte einen früheren Übergang in das nächste Glazial und verlängerte damit das Holozän. Dadurch, so Ruddiman weiter, verschiebe sich auch die Unterscheidung zwischen natürlichem und anthropogenem Klima. Vor den Anfängen der Landwirtschaft im Neolithikum sei das Klima natürlich, danach anthropogen. Ob er Recht mit seiner These hat, dass selbst geringe anthropogene Emissionen einen derart weitreichenden Einfluss ausübten, bleibt eine der spannendsten Fragen der vorindustriellen Klimageschichte.

Demographischer Kollaps in den Amerikas nach 1492

Es gab in der Geschichte der Landwirtschaft immer wieder Phasen des unfreiwilligen Rückzugs. Zivilisationen wie die der Maya kollabierten, Siedlungen wie die der Grönland-Wikinger verschwanden. Der Wald eroberte sich landwirtschaftliche Nutzflächen zurück. So geschah es auch nach dem «Schwarzen Tod» in Europa. Nachdem die Bevölkerung durch die Pest um etwa ein Drittel dezimiert worden war, verwandelten sich Dörfer und Bauernhöfe in Wüstungen. Die Frage liegt nahe, ob sich auch der Rückgang der Landnutzung in den Schwankungen der Treibhausgase zeigt.

Der demographische Kollaps, der sich in Amerika nach dem Kontakt zwischen Urbevölkerung und Europäern ereignete, ist der bedeutendste «Testfall» dieser Art. Historische und archäologische Forschungen stimmen weitgehend überein, dass die indigene Bevölkerung nach 1492 innerhalb weniger Jahrzehnte um 80% oder sogar bis zu 90% reduziert wurde. Genetische Untersuchungen, die Rückschlüsse auf die Sterberate erlauben, bestätigen den Einbruch der amerikanischen Urbevölkerung nach 1492, gehen aber von einer deutlich geringeren Sterberate von etwa 50% aus. Was dies in absoluten Zahlen bedeutet, hängt von Schätzungen der amerikanischen Bevölkerung unmittelbar vor Kolumbus' erster Amerikafahrt ab, doch diese Schätzungen sind mit beträchtlichen Unsicherheiten behaftet. In jedem Fall handelt es sich um dramatische Verluste, die der indigenen Bevölkerung in erster Linie durch ansteckende Krankheiten beigefügt wurden, die in Amerika neu waren. Von Europäern eingeschleppt, entwickelten sie sich für eine Bevölkerung ohne Immunität zu tödlichen Epidemien.

Dies war eine Spätfolge des Anstiegs der Meeresspiegel, der am Beginn des Holozäns die Beringia-Landverbindung unterbrochen hatte. 1492, als Kolumbus in der Karibik landete, war die indigene Bevölkerung Amerikas bereits für viele Jahrtausende vom eurasischen Kontinent abgeschnitten. Sie hatte daher nicht mehr am Austausch von Krankheitserregern teilgehabt, der sich im Rest der Welt abspielte. Neben der fehlenden Immunität gegen Grippe, Pocken, Masern, Gelbfieber, Diphterie und Malaria trug auch die Gewalt der europäischen Eroberer wesentlich zum demographischen Kollaps bei.

Dieser vollzog sich über einen Zeitraum von 100 bis 150 Jahren nach dem Erstkontakt mit Spaniern und Portugiesen, mit einem Schwerpunkt in den ersten Jahrzehnten des 16. Jahrhunderts für die Karibik, Mexiko und das Gebiet der Inka in den Anden. In der Folge wurden vordem landwirtschaftlich genutzte Flächen vom Wald zurückerobert. Holzkohlefunde belegen diesen Vorgang an zahlreichen archäologischen Stätten, die über beide Teile des amerikanischen Kontinents verteilt sind. Sie zeugen von Waldbränden an Orten, wo sich in darunterliegenden Schichten die Überreste früherer Siedlungen finden. Das heißt, der Wald hatte sich, bevor er abbrannte, über diesen Siedlungen wieder ausgebreitet.

Mit der Expansion der Wälder, die Kolumbus auf dem Fuß folgte, nahmen Vegetation und Böden in den Amerikas größere Mengen an Kohlenstoff aus der Atmosphäre auf. Die Frage ist nun, ob dies einen Rückgang der Treibhausgase in der Atmosphäre bewirkt hat. Rekonstruktionen aus Eisbohrkernen zeigen, dass die CO_2-Werte bis um 1600 nur geringfügig schwankten (Abb. 7). Aber kurz vor der Wende zum 17. Jahrhundert knickt die Kurve nach unten und erreicht dann einen Tiefstand, der als spätholozenäres vorindustrielles Minimum bezeichnet wird. Der Rückgang bewegt sich im Rahmen von 5–7 ppm. Der Kollaps der amerikanischen Bevölkerung könnte diese Schwan-

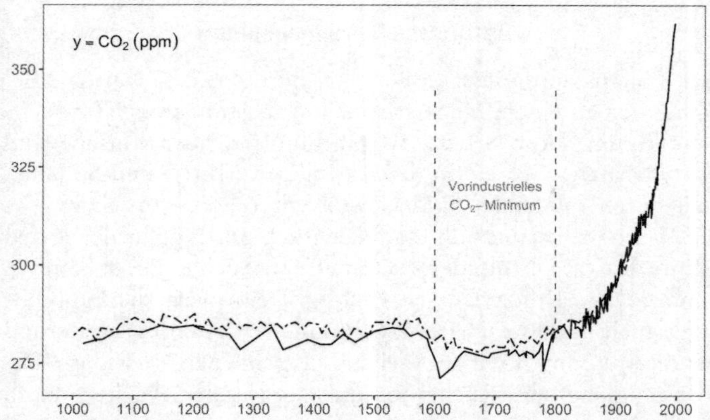

Abb. 7: Vorindustrielles CO_2-Minimum: Rekonstruktionen der CO_2-Konzentration (in parts per million = ppm) für die letzten 1000 Jahre aus antarktischen Eisbohrkernen (Law Dome = durchgezogene Linie; Westantarktischer Eisbohrkern = gestrichelte Linie) zeigen ein Absinken der Werte um 1600 und eine Talsohle bis ca. 1800.

kung erklären, wenn man von 60,5 Millionen Menschen unmittelbar vor 1492 und einem Rückgang der indigenen Bevölkerung um 90% ausgeht. Es gibt aber auch konkurrierende Erklärungen, die bei der Kleinen Eiszeit ansetzen. Sie halten es für möglich, dass durch einen Temperaturrückgang um die Wende zum 17. Jahrhundert entweder die Vegetation oder die Ozeane verstärkt größere Mengen an Kohlenstoff aufnahmen.

Auf dem aktuellen Stand unseres Wissens ist nur ein vorläufiges Fazit möglich: Außer einem Rückgang der agrarischen Landnutzung im ersten Jahrhundert nach dem Kontakt zwischen Europäern und amerikanischer Urbevölkerung kommen als Erklärung für das späte vorindustrielle CO_2-Minimum auch natürliche Ursachen in Betracht. Denkbar bleibt auch, dass verschiedene Faktoren zusammenwirkten.

Agrarische Beschleunigung

Der Kollaps der indigenen Bevölkerung Amerikas war eine Besonderheit in einem längerfristigen Wachstumstrend der Weltbevölkerung (Abb. 8). Im 16. Jahrhundert, als spanische und portugiesische Gebiete in der Karibik, in Mittel- und Südamerika durch Epidemien und Gewalt entvölkert wurden, wuchs die Weltbevölkerung insgesamt deutlich an. Nur in der ersten Hälfte des 17. Jahrhunderts stagnierte sie auch in Europa und in China. Diese Koinzidenz ist wichtig. Denn wäre die Landnutzung auch in dieser Phase überall außer in Amerika weiter expandiert, könnten wir weitgehend ausschließen, dass das CO_2-Minimum auf die Rückeroberung agrarischer Flächen durch Wälder in Amerika zurückzuführen ist.

Nach 1650 kehrte das Bevölkerungswachstum erst langsam, dann mit zunehmender Geschwindigkeit zurück. Zwischen 1650 und 1850 verdoppelte sich die Zahl der auf der Erde lebenden Menschen. Die durchschnittliche jährliche Wachstumsrate von etwa 0,4 % ist dabei zehn Mal höher als während der ersten Verdoppelung der Weltbevölkerung seit Beginn der heutigen Zeitrechnung, die mehr als anderthalb Jahrtausende benötigte. Auch diese Zahlen beruhen auf Schätzungen und sind mit Unsicherheiten behaftet. Das Wachstum nach 1650 und besonders während des 18. Jahrhunderts ist jedoch gut abgesichert.

Grundlage des Bevölkerungswachstums war eine Steigerung der landwirtschaftlichen Produktion, und zwar nahezu überall. Sie war immer noch vorindustriell: Zwar machte in dieser Zeit die Industrialisierung in England große Fortschritte. Global gesehen blieb ihr Einfluss auf die Landwirtschaft jedoch vorläufig vernachlässigbar. Die Erschließung neuer agrarischer Flächen war der wichtigste Faktor, besonders im kolonialen Amerika und in China. Die Produktion konnte aber auch auf andere Weise gesteigert werden. Der Anbau «neuer» Nutzpflanzen, die ursprünglich in Amerika domestiziert worden waren, in Europa und Asien verbreiterte nicht nur das Spektrum an Grundnahrungsmitteln, sondern trug auch zu einer Erhöhung der Flächenerträge bei. Das gilt insbesondere für den Anbau von Kar-

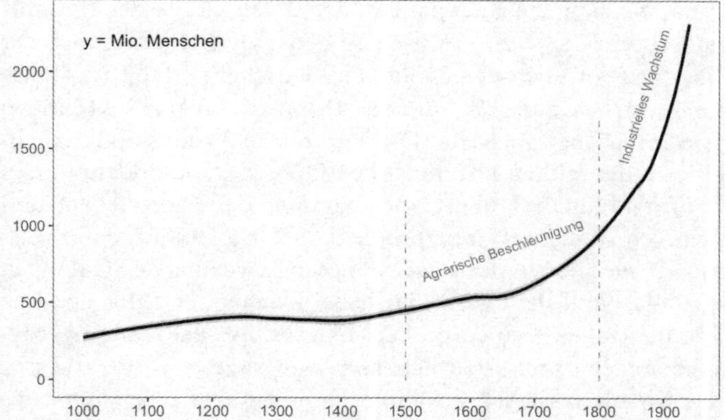

Abb. 8: Weltbevölkerung 1000–1940 (Millionen Menschen), gestützt auf verschiedene Schätzungen. Der Endpunkt 1940 wurde gewählt, um die «agrarische Beschleunigung» im Vergleich zum industriellen Wachstum deutlicher hervorzuheben.

toffeln und Mais, der außer in Europa und China auch im Gebiet des Osmanischen Reiches ausgeweitet wurde.

Schließlich konnte eine Steigerung der Produktion durch agrarische Reformen erreicht werden. In West- und Mitteleuropa vor allem, wo die Erschließung neuer landwirtschaftlicher Flächen bereits im späten Mittelalter an Grenzen gestoßen war, konnte auf diese Weise die Produktion diversifiziert und ihr Marktanteil gesteigert werden. Vielerorts waren Agrarreformen im 18. Jahrhundert mehr als zuvor wissenschaftlich gesteuert. Akademien, die sich seit dem 17. Jahrhundert formiert hatten, waren nicht nur Orte des exklusiven Austauschs zwischen Wissenschaftlern. Sie wirkten auch auf staatliches Handeln und fanden neue Mittel und Wege des Wissensaustauschs mit der ländlichen Bevölkerung. Die europäische Bevölkerung insgesamt wuchs im Laufe des 18. Jahrhunderts von 115 Millionen auf 180–190 Millionen Menschen an. Ab etwa 1750 verdoppelte sich dabei die Wachstumsrate.

Den größten Anteil am globalen Bevölkerungswachstum hatte aber das Land mit der damals schon größten Bevölkerung:

China. Nach einem Rückgang in der ersten Hälfte des 17. Jahrhunderts erreichte sie um 1680 wieder den Höchststand der Ming-Zeit von etwa 150 Millionen Menschen. Knapp 100 Jahre später war sie auf mehr als das Doppelte, auf 311 Millionen Menschen, angewachsen. Die agrarische Produktion expandierte in der frühen und mittleren Qing-Zeit besonders in den Provinzen Hunan, Hubei und Sichuan, in der Zentralebene und in einigen südlichen Grenzprovinzen. Vor allem in den abgelegenen Bergregionen des Landesinneren wurden neue Siedlungen gegründet und landwirtschaftliche Flächen erschlossen. Die Qing überführten einen großen Teil des von der Vorgängerdynastie angehäuften staatlichen Landbesitzes in Privatbesitz. Freie Kleinbauern, die mit ihren Familien eine arbeitsintensive Form des Feldbaus betrieben, wurden zu den wichtigsten Akteuren der agrarischen Expansion. Landnutzungsrechte wurden an Haushalte gebunden und konnten an die männlichen Nachfahren weitergegeben werden. Diese stabile Erbrechtslage machte die notwendigen Investitionen beim Aufbau und Erhalt von Bewässerungssystemen für den Reisanbau für viele Familien überhaupt erst attraktiv.

Regionale Differenzen schufen spezifische Voraussetzungen für unterschiedliche Innovationen. Im Norden Chinas, der an der Erschließung neuer agrarischer Nutzflächen kaum beteiligt war, gab es mehr Grundbesitzer und Lohnarbeiter als im Süden. Zusammen mit den ökologischen Bedingungen der Region begünstigten diese Strukturen den kommerziellen Anbau von Sorghum, Baumwolle, Tabak und Erdnüssen. Der Baumwollanbau erreichte in Teilen der Zentralebene Chinas sogar einen Anteil von 20 bis 30%.

China zeigt beispielhaft, dass die Landwirtschaft im 18. Jahrhundert weit über den Bereich der basalen Lebensmittelproduktion hinaus expandierte. Die zunehmende Kommerzialisierung landwirtschaftlicher Produkte war kein spezifisch europäisches oder transatlantisches Phänomen, das sich in der kolonialen Plantagenwirtschaft konzentrierte. Wirtschaftshistoriker der frühen Neuzeit haben eine verstärkte Orientierung der agrarischen Produktion an wachsenden Märkten auch andernorts, etwa im Gebiet des Osmanischen Reiches oder in Indien, nachgewiesen.

Es spricht vieles dafür, dass sich das beschleunigte Wachstum im 18. Jahrhundert auch auf die Treibhausgasbilanz des Planeten auswirkte. Sowohl bei Kohlendioxid als auch bei Methan zeigt sich in verschiedenen Eisbohrkernen ab 1700 erst ein langsamer, dann ein beschleunigter Anstieg der Werte. Insgesamt fand im Zeitraum von 1600 bis 1850 die stärkste vorindustrielle Zunahme während der letzten zwei Jahrtausende statt. Und Modellrechnungen bestätigen, dass der Wandel der Landnutzung in der Phase der agrarischen Beschleunigung daran einen Anteil haben könnte – wenngleich eine eindeutige Zuschreibung auch in diesem Fall bisher nicht möglich ist. Analysen der Kohlenstoffisotope deuten auf eine Festlandquelle, also Wälder und Böden, für diese letzte vorindustrielle Schwankung hin. Die Ozeane sind damit aus dem Spiel, während Veränderungen der Landnutzung weiterhin als Erklärung in Betracht kommen.

Die Auswirkungen der vorindustriellen Landwirtschaft auf den Treibhausgashaushalt der Erde werden die Wissenschaft noch einige Zeit beschäftigen. Der CO_2-Tiefpunkt von 1610 bleibt ein Prüfstein für das Verständnis des Kohlenstoffkreislaufs und seiner Dynamik. Aber weder dieser Tiefpunkt noch der darauffolgende Wiederanstieg fallen aus der Schwankungsbreite des Holozäns heraus. Dieser Rahmen wird erst durch den industriellen CO_2-Anstieg von 125 ppm über einen Zeitraum von 170 Jahren (also im Zeitraum 1850–2020) gesprengt. Dieser Anstieg ist sogar größer als während jeder anderen 170-Jahr-Periode in den vergangenen 800 000 Jahren. Der industrielle anthropogene Treibhauseffekt überragt jeden möglichen vorindustriellen anthropogenen Effekt bei Weitem. Bei allen Unsicherheiten darüber, ob man einen vorindustriellen Einfluss der Landnutzung auf das Klima nachweisen kann, lässt sich doch mit Sicherheit sagen, dass ein solcher Einfluss zu keinem Zeitpunkt dominant war, also natürliche Antriebsfaktoren des Klimas in den Hintergrund drängte. Erst beim industriellen Treibhauseffekt ist das der Fall. Die industrialisierte Landnutzung der vergangenen 200 Jahre hat wesentlich dazu beigetragen.

Industrielle Landwirtschaft

Die industrielle Landwirtschaft lässt sich durch einen Schlüsselfaktor definieren, nämlich durch die umfassende Anwendung von fossilen Energieressourcen in allen Bereichen der Nahrungsmittelproduktion. Die industrielle Steigerung der agrarischen Produktion rührt daher und nicht von einer Effizienzsteigerung wie noch während der agrarischen Beschleunigung des 18. Jahrhunderts. Der amerikanische Ökologe Howard Odum (1924–2002) hat dies so ausgedrückt, dass wir Kartoffeln essen, die nicht mehr aus Sonnenenergie hergestellt sind, sondern aus Öl. Entscheidend waren das fossile Energieregime und technologische Innovationen, zu denen nicht nur landwirtschaftliche Maschinen gehörten, sondern auch die Beherrschung chemischer Prozesse wie des Haber-Bosch-Verfahrens zur Herstellung von Ammoniak für die Düngung.

In der industriellen Landwirtschaft wird die Arbeit größtenteils von Maschinen verrichtet, nicht mehr von Menschen und Nutztieren. Historisch vollzog sich diese Transformation an verschiedenen Orten ungleichzeitig, im Ganzen aber doch in erstaunlich kurzer Zeit. Die Leistung landwirtschaftlicher Maschinen beschleunigte die Befreiung aus verschiedenen Zwangssystemen der vorindustriellen Arbeitsorganisation auf dem Land. Das gilt nicht zuletzt für die Sklaverei als Bestandteil der Plantagenwirtschaft in der Karibik und auf dem amerikanischen Festland. In der ersten Hälfte des 19. Jahrhunderts wurde sie nahezu überall abgeschafft. Nur in Brasilien wurde noch bis 1888 an ihr festgehalten. Das Ende der Sklaverei wurde aber nicht alleine durch den politischen Widerstand ihrer Gegner herbeigeführt. So wichtig dieser Widerstand war, hätte er sich ohne die ökonomischen Vorteile einer industrialisierten Landwirtschaft im Vergleich zur Sklavenwirtschaft kaum oder jedenfalls nicht so rasch durchgesetzt.

Von Menschen und Tieren verrichtete physische Arbeit ist heute auf dem Land so gut wie überflüssig geworden. Ohne die Freisetzung menschlicher Arbeitskraft für andere wirtschaftliche Aktivitäten ist wiederum die gesellschaftliche Transformation, die wir als «Industrialisierung» bezeichnen, völlig undenkbar. Deshalb kommt dem Wandel des primären wirtschaftlichen Sektors, der Landwirtschaft, eine herausragende Bedeutung für die Industrialisierung im Ganzen zu.

Das lässt sich aus heutiger Perspektive kaum noch nachvollziehen. Die landwirtschaftliche Produktion macht in allen industrialisierten Ländern nur noch einen kleinen Anteil an der wirtschaftlichen Gesamtleistung aus. In den USA zum Beispiel liegt dieser Anteil heute bei etwa 0,7% des Bruttoinlandsprodukts. Die Zahl der Beschäftigten in der Landwirtschaft liegt im Durchschnitt aller Länder der Europäischen Union (Daten für 2019) bei 4,37%. In Deutschland sind nur noch 1,21% aller Beschäftigten auf dem Land tätig, in Frankreich 2,53%. In Rumänien ist dieser Anteil mit 21,24% unter allen EU-Ländern am höchsten. Nur in Burundi, Somalia, Malawi und im Tschad sind mehr als 75% der Menschen im Agrarsektor tätig. Diese Länder gehören zu den ärmsten der Welt.

Die Abwanderung der Menschen aus der Landwirtschaft hat deren Rolle als Arbeitgeberin im Vergleich zu anderen Sektoren dramatisch verändert. Dies und ihr bescheidener Anteil an der gesamtwirtschaftlichen Leistung der Industrieländer sollten aber nicht darüber hinwegtäuschen, dass die agrarische Produktion in den zurückliegenden Jahrhunderten massiv gewachsen ist. Dieses Paradox erklärt sich durch eine erhebliche Steigerung der Pro-Kopf-Produktivität, bei der eine Reihe von Faktoren zusammenspielen: größere Effizienz bei der Bewässerung und Düngung von Nutzpflanzen, geringere Verluste vor der Ernte durch den Einsatz von Herbiziden und Pestiziden und eine nahezu vollständige Maschinisierung der Feldarbeit.

Das Ergebnis ist eine historisch einzigartige Fülle an Nahrungsmitteln, die, trotz einer sehr ungleichen Verteilung, heute 8 Milliarden Menschen ernährt. 1800 lebten etwa 1 Milliarde Menschen gleichzeitig. Bis um 1930 verdoppelte sich die Zahl auf 2 Milliarden, bis 1974 auf 4, bis 2022 schließlich auf 8 Milliarden. Verglichen mit dem sehr langsamen durchschnittlichen Wachstum von jährlich weniger als 0,1% im Zeitraum von 0 bis 1700, wuchs die Bevölkerung im 18. Jahrhundert schon deutlich rascher, um mehr als 0,4 %, dann im 19. Jahrhundert um mehr als 0,6 % und schließlich im 20. Jahrhundert um 1,4 % pro Jahr.

Diese Beschleunigung des demographischen Wachstums ist vor allem einem Faktor zu verdanken, nämlich einer massiven Steigerung der Lebenserwartung. Mehr Menschen leben immer länger, und deshalb leben immer mehr Menschen gleichzeitig auf der Erde. Entscheidend dabei war der Rückgang der Kleinkindsterblichkeit durch Fortschritte in der Geburts- und Kindermedizin, insbesondere bei der Bekämpfung von Kinderkrankheiten. Hier liegt auch der Schlüssel zu einem Paradox des modernen Bevölkerungswachstums. Während die Lebenserwartung anstieg, ging die Zahl der Geburten pro Frau immer weiter zurück. Weil immer mehr Kinder die ersten Jahre nach der Geburt überlebten und selbst das zeugungsfähige Alter erreichten, konnten Familien die Zahl der Geburten verringern und trotzdem ihren Nachwuchs sichern. Der Geburtenrückgang wiederum begünstigte eine der wichtigsten sozialen Revolutionen des 20. Jahrhunderts, nämlich Gleichstellung und Erwerbstätigkeit von Frauen, die freilich überall politisch erkämpft werden mussten und weiterhin müssen.

Inzwischen stößt die Steigerung der Lebenserwartung an Grenzen. Sie nimmt kaum noch zu, während die Geburten pro Frau weiter abnehmen. Die Geschwindigkeit, mit der die Weltbevölkerung wächst, hat sich daher in den letzten Jahrzehnten bereits verringert. Die meisten Bevölkerungswissenschaftler erwarten, dass sich dieser Trend fortsetzt und in absehbarer Zukunft in ein neues Stadium der «demographischen Transition» mündet, in dem die Weltbevölkerung zum Stillstand kommt oder gar schrumpfen könnte.

Hätte die agrarische Produktion im 19. und 20. Jahrhundert nicht mit dem Bevölkerungswachstum mitgehalten, dann hätten neue Versorgungskrisen die Steigerung der Lebenserwartung bald gestoppt und damit das Wachstum begrenzt. Versorgungskrisen mit hoher Sterblichkeit kamen jedoch im 19. Jahrhundert in Europa nach 1816–1818 nicht mehr vor. Auch außerhalb der europäischen Zentren der frühen Industrialisierung nahm ihre

Häufigkeit ab. Zwar kam es in China und Indien in den 1870er und 1890er Jahren noch einmal zu Versorgungskrisen mit hoher Mortalität, die durch Witterungsbedingungen mitverursacht wurden. Doch im 20. Jahrhundert waren die schlimmsten Hungerkrisen mit dem Tod von mehreren Millionen Menschen Verteilungskrisen wie 1943 in Bengalen oder politisch herbeigeführte Krisen wie 1932–1933 in der Ukraine (3,5–3,9 Millionen Tote) und 1959–1961 in China (15–55 Millionen Tote). Die Sowjetunion unter Josef Stalin (1870–1953) betrachtete die freien Bauern der Ukraine als Staatsfeinde. Sie wurden als «Kulaken» beschimpft und sollten durch ständige Erhöhungen der Abgaben an den Staat und andere Zwangsmaßnahmen zur Übernahme von Landreformen gezwungen werden. Der dadurch herbeigeführte Genozid wird in der Ukraine «Holodomor» genannt, was «durch Hunger umbringen» bedeutet. Es ist eine treffende Bezeichnung für den stalinistischen Terror. Knapp 30 Jahre später machte dieses Beispiel Schule: Die Kommunistische Partei Chinas unter der Führung Mao Tse Dungs (1893–1976) folgte dem Vorbild Stalins, verfolgte dabei ähnliche Ziele und setzte auch ähnliche Mittel ein.

Die Sahelkrisen der 1970er und 1980er Jahre wiederum waren durch klimatische Faktoren mitbedingt. Eine anhaltende Dürre in den Jahren 1968 bis 1973 führte im Tschad, in Burkina Faso, in Niger und Mali zu Ernteausfällen. 50 Millionen Menschen waren betroffen, etwa 1 Million starben. Neben den Klimafaktoren kam hinzu, dass die Regierungen der genannten Länder den Folgen der Dürre zu spät begegneten und damit ein früheres Einsetzen internationaler Hilfe verhinderten.

Heute wird rund ein Drittel der Landmassen auf der Erde landwirtschaftlich genutzt. Diese Schätzung stützt sich auf Länderstatistiken und Satellitenbeobachtungen. Schon traditionelle Formen der Landwirtschaft haben regelmäßig zu einer ganzen Reihe ernster ökologischer Folgeprobleme geführt wie zu Übernutzung der Böden, Erosion, Entwaldung und Beeinträchtigung der lokalen Artenvielfalt. Diese Probleme wurden durch den industriellen Wandel der Landnutzung verschärft und durch neue ergänzt. Pestizide und Herbizide tragen wesentlich zum Artensterben bei. Dieses erreicht heute ein Ausmaß, das manche Biologen bereits von einem neuen großen Massensterben in der Geschichte des Planeten sprechen lässt. Künstliche Düngemittel haben massiv in den Stickstoff- und Phosphorkreislauf eingegriffen. Die breite Umverteilung dieser Stoffe trägt unter anderem zur Versauerung der Ozeane bei.

Nicht zuletzt hat die industrielle Transformation der Landwirtschaft gravierende Folgen für das Klima. Die Landnutzung ist heute für rund ein Viertel der Treibhausgasemissionen verantwortlich, die den anthropogenen Klimawandel antreiben. Dazu tragen Faktoren wie Veränderung der Landbedeckung durch Rodung, Bewässerung und Ausdehnung der Tierhaltung bei. Hinzu kommt der umfassende Einsatz fossiler Brennstoffe. Landwirtschaftliche Maschinen, die Menschen und Tiere von der Feldarbeit verdrängt haben, verbrennen fast ausschließlich Benzin oder Diesel und emittieren erhebliche Mengen an CO_2. Auch die Produktion künstlicher Düngemittel, mit deren Hilfe die Böden fruchtbar gehalten und intensiver bewirtschaftet werden können, wird von fossilen Energieträgern angetrieben. Die durch künstliche Düngemittel gesteigerte Produktion hat überdies eine expansive Tierhaltung ermöglicht, die in erster Linie der Befriedigung einer über Jahrzehnte gewachsenen Nachfrage nach Fleisch dient. Dadurch haben sich seit Beginn der Industrialisierung die Methangasemissionen beträchtlich erhöht.

Wie bereits beschrieben, ging dem industriellen Wandel der Landnutzung eine vorindustrielle Wachstumsphase der Agrarwirtschaft voran. Zu den Antriebskräften dieses Wachstums gehörte eine zunehmende Kommerzialisierung landwirtschaftlicher Produkte. Landwirte produzierten immer mehr für Märkte und immer weniger für den Eigengebrauch. Zweifellos schuf diese kommerzielle Revolution der Landwirtschaft wichtige Voraussetzungen für ihre spätere Industrialisierung. Für die Frage nach den historischen Wurzeln des anthropogenen Klimawandels und anderer Umweltfolgen ist es dennoch wichtig, zwischen Kommerzialisierung und Industrialisierung zu unterscheiden. Marktwirtschaftliche und kapitalistische Wirtschaftsweisen werden in manchen historischen Darstellungen alleine verantwortlich gemacht und die fossile Transformation des Energieregimes ausgeblendet. Damit aber wird der aus klimawissenschaftlicher Sicht entscheidende Unterschied zwischen industriellen und vorindustriellen Wirtschaftsweisen verwischt. Ebenso fragwürdig ist es, die fossile Transformation als automatische Folge des Kapitalismus zu behandeln. Die massenhafte Verbrennung fossiler Ressourcen ist ein Signum der Industrialisierung, das nicht an kapitalistische Wirtschaftsweisen gebunden ist. Den Beweis dafür haben antikapitalistische Gesellschaftssysteme im Laufe des 20. Jahrhunderts mehr als einmal erbracht. Sie haben die fossile Industrialisierung und damit «Modernisierung» mit ähnlichen Versprechungen eines allgemeinen Wohlstands betrieben wie kapitalistische Wirtschaftsordnungen. Und sie haben dabei Umwelt- und Klimafolgen mindestens genauso ignoriert wie das konkurrierende System.

Die Folgen für Klima und Umwelt, die heute immer deutlicher erkennbar werden, verändern die historische Erzählung des Wandels, den die industrielle Landnutzung herbeigeführt hat, grundlegend. Noch nach der Mitte des 20. Jahrhunderts dominierte ein Narrativ, das von Erfolgsbilanzen geprägt war: einem Wachstum, das der Zahl der Menschen standhielt, das weniger Hunger und größere Ernährungssicherheit mit sich brachte. Der industriellen Landwirtschaft war der Ausbruch aus der «malthusianischen Falle» gelungen, dem Wechselspiel zwischen Bevölkerungswachstum und Hunger, das der Expansion der Spezies Mensch zuvor immer wieder Grenzen gesetzt hatte. Diese Erfolgsgeschichte muss nicht nur relativiert, sie muss revidiert werden, denn ebenjene Expansion der Spezies ist zum Problem geworden – in Verbindung mit einer Ungleichverteilung, bei der die wohlhabendsten 20% der Konsumenten etwa 80% der natürlichen Ressourcen verbrauchen, die ärmsten 20% dagegen nur 1,3%. Klima- und Umweltfolgen markieren heute die Grenzen der industriellen Transformation und einer weiteren Expansion des mit ihr verbundenen Wandels der Landnutzung.

5. Anthropogener Klimawandel

Globale Erwärmung im 20. Jahrhundert

Die Erwärmung des 20. Jahrhunderts kehrte einen 5000 Jahre währenden Abkühlungstrend um. Während der letzten 2000 Jahre war dies der einzige Zeitraum, in dem über mehrere Jahrzehnte global nahezu ununterbrochene Erwärmungstrends zu beobachten waren. Grund dafür ist die anthropogene Verstärkung des natürlichen Treibhauseffekts – kurz: der anthropogene Treibhauseffekt. Dieser hat sich im Laufe des 20. Jahrhunderts immer weiter verstärkt. Das hat nicht nur zu einer Zunahme der globalen Mitteltemperaturen um etwa 1,3 °C über die gesamte Periode der instrumentellen Messungen (seit 1850) geführt, sondern auch zu einer Zunahme von Extremtemperaturen, Hitzewellen und Dürren. Aktuelle Modellsimulationen deuten darauf hin, dass der anthropogene Treibhauseffekt schon heute ausreicht, um das nächste Glazial um mindestens 100 000 Jahre aufzuschieben.

Beim Blick auf den Verlauf der globalen bodennahen Lufttemperaturen lassen sich drei Phasen erkennen (Abb. 9). Am Beginn des 20. Jahrhunderts setzte eine Erwärmung ein, die bis in die 1940er Jahre anhielt. Neben anthropogenen Faktoren spielte in dieser Phase auch die interne Variabilität des Klimasystems eine wichtige Rolle, angetrieben von einer Erwärmung des Pazifiks, dann auch des Atlantiks.

Daran schloss sich zwischen 1945 und 1975 eine Phase an, in der der Erwärmungstrend stagnierte. Atlantik und Pazifik kühlten sich wieder ab, und der anthropogene Treibhauseffekt wurde durch eine starke Zunahme der Aerosole aus Emissionen überlagert. Aerosole sind neben Treibhausgasen ein weiterer anthropogener Faktor, der die bodennahe Lufttemperatur durch Blockade eines Teils der Sonneneinstrahlung senkt.

Auf die Stagnation der Nachkriegszeit folgte schließlich ab

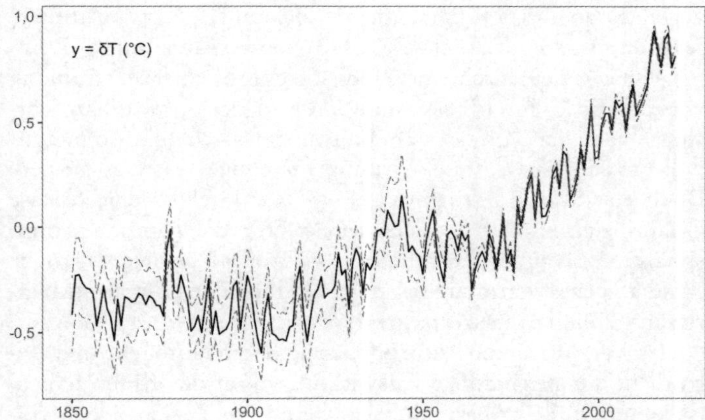

Abb. 9: Globale Mitteltemperaturen seit 1850: Abweichung (δT) in °C vom Mittel der Vergleichsperiode 1961–1990 (schwarze Linie; die gestrichelten grauen Linien markieren das 95%-Konfidenzintervall).

Mitte der 1970er Jahre eine weitere Phase der Erwärmung, die bis heute anhält und bislang etwa 1 °C beträgt. Dabei dominiert der anthropogene Treibhauseffekt alle anderen Faktoren. Wie zu erwarten, haben sich die Landmassen stärker erwärmt als die Ozeane und die mittleren Breiten rascher als die Tropen. In den Tropen wirkt sich die zusätzliche Wärmeenergie bodennah vor allem auf die Verdunstung aus. Bei der Wolkenbildung wird diese Energie in einer Höhe von etwa zehn Kilometern wieder an die Atmosphäre abgegeben. Dadurch erhöht sich die Temperatur über den Tropen in dieser Höhe am stärksten. In der Arktis dagegen ist die Erwärmung bodennah am deutlichsten ausgeprägt. Sie wirkt sich auf die jährlichen Schwankungen bei der grönländischen Eisdecke und beim Meereis aus. Beide sind über den gesamten Zeitraum seit Mitte der 1970er Jahre deutlich zurückgegangen. Mit der Eisbedeckung verringert sich aber auch die Rückstrahlung von der Erdoberfläche (Albedo), wodurch sich die Erwärmung weiter verstärkt. Auch in der Antarktis sind die Auswirkungen der Erwärmung zunehmend beobachtbar.

In der Wissenschaft war der anthropogene Treibhauseffekt

gegen Ende des 19. Jahrhunderts bekannt. 1824 postulierte Jean-Baptiste Fourier (1768–1830) die Existenz eines Treibhauseffekts, der durch eine Blockade der Wärmerückstrahlung von der Erde durch bestimmte Gase in der Atmosphäre entsteht. Nach der Mitte des 19. Jahrhunderts gelang es John Tyndall (1820–1893), diese Wirkung für einige Gase zu messen. Doch erst Svante Arrhenius (1859–1927) gelang eine präzise Quantifizierung des Treibhauseffekts für die gesamte Atmosphäre. Arrhenius berechnete 1896 außerdem das mögliche Ausmaß der Erwärmung bei einer Verdoppelung der atmosphärischen Treibhausgaskonzentration.

Das Verhältnis von anthropogenem Treibhauseffekt und Aerosolen, die gegenläufige Auswirkungen auf das Klima haben, ist außerhalb der Spezialliteratur kaum ein Thema. Doch verdient es sowohl aus klimatologischer wie aus gesellschaftsgeschichtlicher Perspektive mehr Beachtung. Die Phase der Stagnation der Erwärmung zwischen 1945 und 1975 koinzidierte mit einer der längsten Strecken kontinuierlichen Wirtschaftswachstums. Diese begann nach dem Zweiten Weltkrieg und war durch eine beträchtliche Zunahme anthropogener Aerosole gekennzeichnet, die umgangssprachlich meist als «Luftverschmutzung» bezeichnet wird. Dafür war nicht mehr nur die industrielle Produktion verantwortlich. Hinzu kam eine massive Steigerung der Verbrennung fossiler Brennstoffe durch die massenhafte Anwendung von Verbrennungsmotoren in den Bereichen Transport und Mobilität.

Der Ausbau des privaten Personenverkehrs hatte in den USA schon vor 1920 begonnen und setzte sich nach dem Zweiten Weltkrieg in Europa fort. Der Siegeszug des Autos revolutionierte den Stadtverkehr und trug damit wesentlich zum Smog in großen Ballungszentren bei. Erst infolge massiver gesundheitlicher Probleme und Proteste führten einige Länder Gesetze zur Reinhaltung der Luft ein. Die Londoner Smog-Katastrophe (*the Great Smog*) von 1952, der ungefähr 12 000 Menschen zum Opfer fielen, motivierte den Clean Air Act, ein 1956 vom britischen Parlament beschlossenes Gesetz, das die Luftverschmutzung beschränken sollte.

Geographisch konzentrierten sich die Aerosole in den Jahren des Nachkriegsbooms weitgehend über Nordamerika und Europa. Heute sind die Wachstumsländer Indien und China besonders stark betroffen, auch was die gesundheitlichen Folgen angeht. Globale Modellrechnungen gehen von einer Übersterblichkeit von 3,61 Millionen Menschen pro Jahr aus, die auf Luftverschmutzung zurückzuführen ist. Ungefähr 65 % dieser Übersterblichkeit und 70% des Abkühlungseffekts durch anthropogene Aerosole können der Verbrennung fossiler Brennstoffe zugeschrieben werden.

Die Stagnation der globalen Erwärmung nach dem Zweiten Weltkrieg und die Rolle, die den Aerosolen dabei zukam, erklären eine Kontroverse in der wissenschaftlichen Literatur der 70er Jahre, die bis heute immer wieder von Leugnern des Klimawandels auf das Schlachtfeld medialer Klimadebatten geführt wird. Die Kontroverse dient dieser Lobbygruppe als Beleg für die angeblich umstrittenen Auswirkungen anthropogener Emissionen. Dabei wird unterschlagen, dass der Streitpunkt in den 70er Jahren die Gewichtung zwischen anthropogenem Treibhauseffekt (Erwärmung) und anthropogenen Aerosolen (Abkühlung) war, während die erwärmende Wirkung von Treibhausgasen als solche nie zur Debatte stand. Manche Klimawissenschaftler schätzten die abkühlende Wirkung der Aerosole zunächst höher ein als die Erwärmung durch eine höhere Treibhausgaskonzentration in der Atmosphäre. Aber schon Ende der 70er Jahre vertraten nur noch wenige Wissenschaftler die darauf gestützte Theorie einer globalen Abkühlung, die den Weg ins nächste Glazial beschleunigen würde. Sie hat sich inzwischen erledigt.

Aus der doppelten anthropogenen Einwirkung, durch Treibhausgase einerseits und Aerosole andererseits, ergibt sich ein offensichtliches und schwerwiegendes Dilemma. Es besteht darin, dass die Regulierung der Luftverschmutzung aus gesundheitspolitischen Gründen wünschenswert ist, dem Erwärmungseffekt durch Treibhausgasemissionen aber zu noch stärkerer Wirkung verhelfen würde. Das gilt umso mehr dann, wenn der anthropogene Treibhauseffekt weiterhin praktisch unkontrolliert bleibt. Aerosole überdecken bisher ungefähr 0,73 °C der Erwärmung, die ohne diesen Faktor schon heute über Nordamerika und Nordostasien rund 2 °C erreicht hätte. Ein weiteres Dilemma ergibt sich daraus, dass die Aerosole einen verstärkenden Einfluss auf die Niederschläge ausüben. Besonders betroffen sind dicht besiedelte Gebiete in Indien, China, Mittelamerika, Westafrika und im Sahel. Ein Abbau der anthropogenen Staubpartikel könnte die Niederschläge reduzieren und die Wasser- und Ernährungssicherheit einer großen Zahl von Menschen beeinträchtigen.

Auswirkungen der globalen Erwärmung

Die Folgen der globalen Klimaerwärmung zeigen sich im gesamten Verlauf des 20. und des frühen 21. Jahrhunderts. Die ökonomischen, gesellschaftlichen und kulturellen Auswirkungen lassen sich bisher dennoch nur sehr kursorisch und in groben Linien nachzeichnen, weil sie geschichtswissenschaftlich zu wenig erforscht sind. Das Folgende kann nicht mehr sein als ein flüchtiger und stark auswählender Überblick.

Die Erwärmung am Beginn des 20. Jahrhunderts steht in Zusammenhang mit einer Reihe klimatischer Anomalien: einem insgesamt im Zeitraum von 1890 bis 1910 schwach ausgeprägten indischen Sommermonsun, einer ungewöhnlich starken Erwärmung der Arktis und des Nordatlantikraums von 1919 bis in die 1940er Jahre und immer wieder auftretenden Dürren und Hitzewellen mit unterschiedlicher geographischer Ausprägung.

Der schwache indische Monsun um die Jahrhundertwende war mit einer Anomalie der Oberflächentemperaturen des pazifischen Ozeans und also mit einem internen Antriebsfaktor der Erwärmung am Beginn des 20. Jahrhunderts verknüpft. Aufgrund der stark verringerten Niederschläge kam es im Zeitraum 1895–1905 immer wieder zu Dürren. 1899 fiel der Monsun über West- und Zentralindien völlig aus, was zu erheblichen Einbußen bei der Ernte führte. Knapp 60 Millionen Menschen waren betroffen. Wie schon in den Jahren 1896–1897 kam es zu einer Hungerkrise mit sehr hoher Sterblichkeit. In den unter britischer Kolonialverwaltung stehenden Distrikten allein starben ungefähr 1 Million Menschen an den Folgen der Unterernährung. Dabei deutet vieles darauf hin, dass der koloniale Einfluss der Briten die Resilienz der indischen Bevölkerung beeinträchtigte. Indien erlebte im Zeitraum von 1870 bis heute insgesamt sechs schwere Hungerkrisen (1873–1874, 1876, 1877, 1896–1897, 1899 und 1943). Fünf dieser Krisen waren durch Dürren bedingt, die sich in El-Niño-Jahren ereigneten. Nur bei der bengalischen Hungerkrise von 1943 handelte es sich weitgehend um eine Verteilungskrise, die mit den Ereignissen des Zweiten Weltkrieges in Zusammenhang stand. Nach der Unabhängigkeit 1947 dagegen erlebte Indien keine Versorgungskrisen mehr, die zu hoher Sterblichkeit führten.

Die arktische Erwärmung begann mit einem Temperatursprung in den Jahren 1919–1925, in denen die Mitteltemperatur 3 °C höher war als 1913–1918, ein Sprung, der in Spitzbergen gemessen wurde. Diese arktische Anomalie setzte sich in den 1930er Jahren fort. In Teilen der USA, Mexikos und Kanadas kam es zu einer Serie von Dürren und Hitzerekorden. Stark betroffen war der Mittlere Westen der USA: In den Great Plains hielt die Dürre acht Jahre lang an. Stürme wirbelten immer wieder den Staub von den vertrockneten Feldern auf, und diese Staubstürme wurden zum Sinnbild der Katastrophe. Während des Bürgerkriegs (1861–1865) hatte die amerikanische Regierung damit begonnen, die Zuwanderung in die Great Plains und damit die Erschließung neuer agrarischer Flächen zu fördern. Dieses Siedlungsprojekt wurde lange durch regelmäßige und für dieses trockene Gebiet ungewöhnlich reichhaltige Niederschläge begünstigt. Über Jahrzehnte wanderten immer neue Farmer ein, von denen dann viele während der «Dust Bowl»-Jahre dazu gezwungen wurden, ihre Ländereien wieder aufzugeben. Die Krise traf noch dazu eine Gesellschaft, die unter dem Schock der großen Börsenkrise von 1929 stand. Die «Dust Bowl» («Staubschüssel») ist in der kulturellen Erinnerung der USA fest verankert, nicht zuletzt durch den Roman *Früchte des Zorns* von John Steinbeck (1902–1968).

Der Osten Australiens war während der Erwärmung im frühen 20. Jahrhundert zweimal von langanhaltenden Dürren betroffen, zuerst zwischen 1895 und 1902, dann zwischen 1937 und 1945. Die Dürre, die 1937 einsetzte, verstärkte sich durch das lange El-Niño-Ereignis der Jahre 1939–1942. Die Hitzewelle von 1939 und die «Black Friday»-Buschfeuer in Victoria sind heute noch Teil des kollektiven Gedächtnisses der Australier. Auch Zentraleuropa erlebte in den 1940er Jahren eine Serie warmer und trockener Sommer, kombiniert mit kalten Wintern.

Die jüngere Phase der Erwärmung im 20. Jahrhundert, die um 1975 einsetzte, war ebenfalls geprägt von einer Zunahme der Dürren und Hitzewellen. In Australien hielt die «Millennium-Dürre» von 1997 bis 2009 an. Daneben gab es dort 1965–1968 und 1982–1983 kürzere Phasen außergewöhnlicher Trockenheit. Die Temperaturen sind auf dem Kontinent in den vergangenen 70 Jahren flächendeckend angestiegen. Dabei verteilt sich die Erwärmung auf alle Jahreszeiten, ist bei den Frühlingstemperaturen aber mit 1 °C am stärksten, im Sommer mit 0,5 °C am schwächsten. Die Zahl der Tage mit Höchsttemperaturen hat während der letzten 50 Jahre von Dekade zu Dekade stetig zugenommen, während die Zahl der Tage mit Niedrigsttemperaturen rückläufig ist. Die Summe der Niederschläge blieb im selben Zeitraum ungefähr konstant, aber die geographische Verteilung hat sich verändert. Im Südwesten (um Perth) und im Südosten, also in den Regionen größter Bevölkerungsdichte, gingen die Werte deutlich zurück, während sie im kaum besiedelten Nordwesten stark zugenommen haben.

Australien verfügt über großflächige trockene und überwiegend trockene Gebiete, die einen Nährboden für Buschfeuer wie jene von 1939 und 2009 bieten. 2009 verwüsteten die verheerenden Brände im Bundesstaat Victoria eine Fläche von 4500 Quadratkilometern und kosteten 173 Menschen das Leben. Die Jahrtausenddürre wurde im Januar und Februar 2010 von Extremniederschlägen beendet, die der tropische Zyklon «Olga» nach Australien brachte. Das führte im Nordosten des Landes zu schweren Überschwemmungen. Noch verheerender waren die Überschwemmungen, die der Zyklon «Tasha» im

Dezember 2010 im Bundesstaat Queensland auslöste. Hunderttausende mussten vor den Fluten fliehen. Australien bietet mehrere Beispiele dieser Art, die belegen, dass nicht nur in Entwicklungsländern, sondern auch in Wohlstandsländern mit klimabedingter Binnenwanderung und Umsiedlung zu rechnen ist.

Mit dem Jahr 2010 sind weitere Hitzewellen und Dürren verbunden. Der Westen Russlands war im Sommer 2010 stark betroffen. Die Dürre begann im Juni, im Juli litten alle Hauptgebiete der Weizenproduktion unter Wassermangel. Im Vergleich zum Vorjahr reduzierten sich die Erträge um 70%. Im August verfügte die russische Regierung ein Exportverbot für Weizen, was wesentlich dazu beitrug, dass die Preise global drastisch anstiegen. Dieser Effekt wurde durch Dürren an anderen Orten zusätzlich verstärkt. In Syrien und in Teilen der Levante herrschten im ganzen Zeitraum 2006–2010 trockenere Bedingungen. Sowohl die Dürren als auch die Weizenpreise sind Teil der Vorgeschichte des «Arabischen Frühlings», jener Serie von Revolten und Revolutionen in der arabischen Welt, die Ende 2010 begann und sich bis in den Frühling 2011 fortsetzte.

Um die politische Rolle der Dürre von 2006–2010 für den Aufstand gegen Baschar al-Assad und den Beginn des Syrienkonflikts gibt es allerdings eine Kontroverse. Unter anderem wurde relativierend darauf hingewiesen, dass die humanitäre Krise in Syrien in die Zeit vor der Dürre zurückreiche. Es wurde sogar argumentiert, dass ein Verweis auf externe Faktoren wie Dürre und Klimawandel kontraproduktiv sei, weil er die Aufmerksamkeit von grundlegenderen politischen und ökonomischen Motiven hinter dem Aufstand ebenso ablenke wie von der Verantwortung der syrischen Regierung für Missstände. Aber daran zeigt sich einmal mehr eine immer noch verbreitete Denkweise, die den Klimawandel wie selbstverständlich dem «Reich der Natur» zuordnet und damit entpolitisiert, statt ihn als Element lokaler wie globaler Politik zu begreifen.

Besonders gravierende Auswirkungen der globalen Erwärmung sind mit dem Abschmelzen der Gletscher und einem Anstieg der Meeresspiegel verbunden. Die Inlandgletscher in den europäischen Alpen, im Himalaya, in den Anden, auf Neuseeland und in anderen Regionen der Erde verlieren Eismasse und ziehen sich zurück. Der Anfang dieses schleichenden Vorgangs wurde schon nach dem letzten Maximum der Alpengletscher Mitte des 19. Jahrhunderts mit wissenschaftlichen Methoden beobachtet. Einige Gletscher sind bereits völlig verschwunden, viele weitere werden in den kommenden Jahrzehnten vom gleichen Schicksal ereilt werden. Das wird sich massiv auf Flusssysteme auswirken, deren Pegelstände an das Sommerschmelzwasser gebunden sind. Auch die Gletscher an den Polkappen sind auf dem Rückmarsch.

Das Abschmelzen von Inland- und Polgletschern führt zu einem absoluten Anstieg der Meeresspiegel. Verstärkt wird dieser durch die Wärmeausdehnung der ozeanischen Wassermassen und ein relatives Absinken vieler Küstenlinien durch Erosionsprozesse. Im Pazifikraum werden Inselstaaten wie Tuvalu, Vanuatu oder Kiribati in ihrer nationalen Souveränität und territorialen Integrität bedroht sein. Viele Südpazifikinseln erheben sich nur wenige Meter über den Meeresspiegel und sind nur einige hundert Meter breit. Diese «sinkenden Inseln» (*sinking islands*) verfügen über äußerst begrenzte Anpassungskapazitäten. Der Anstieg der Meeresspiegel beeinträchtigt bereits heute das Leben vor Ort, denn Salzwasser kontaminiert zunehmend die Kulturböden und das Grundwasser. Hinzu kommt das Ausbleichen der Korallenriffe als Folge der Erwärmung des Pazifiks, das zu einer Verminderung der Fischbestände führt. Das wiederum hat Folgen für die Ernährungssicherheit der Inselbewohner. In den 22 südpazifischen Inselstaaten leben ungefähr 7 Millionen Menschen. Aber nicht nur Inseln, auch Küsten und Tiefebenen, die sich wie in Bangladesch an die Küste anschließen, sind von dauerhafter Überflutung bedroht, was Hunderte Millionen von Menschen betreffen könnte. Es erscheint heute absehbar, dass internationale Migration für diese Menschen mittelfristig die einzige Option sein könnte.

Industrialisierung als Zäsur

Der anthropogene Klimawandel von heute markiert eine radikale Zäsur in der Klimageschichte – noch radikaler als im Neolithikum die Landwirtschaft. Nie zuvor in der erdgeschichtlichen Vergangenheit sind die Aktivitäten einer einzigen Spezies in so kurzer Zeit zur Hauptantriebskraft des Erdklimas geworden. Die wissenschaftlich anerkannte Erklärung dafür ist, dass wir enorme Mengen fossiler Brennstoffe verbrennen und dadurch Kohlendioxid und andere Treibhausgase in die Atmosphäre freisetzen, die den natürlichen Treibhauseffekt verstärken. Möglich geworden ist dies erst durch technologische Innovationen wie die Dampfmaschine oder den Verbrennungsmotor, die im Laufe der Industrialisierung eingeführt wurden und sich durchgesetzt haben. Diese Technologien nutzen die Verbrennung von Kohle, Öl und Gas, um Wärmeenergie zu erzeugen, die weiter in kinetische und dann in elektrische Energie (Stromerzeugung) umgewandelt werden kann. Die fossile Energietransformation bildet die wichtigste Voraussetzung für den anthropogenen Klimawandel. Durch sie ist die neueste Klimageschichte untrennbar mit der Industrialisierung verflochten.

Historiker und Historikerinnen haben lange Zeit Industrialisierung mit Modernisierung gleichgesetzt und diese Modernisierung einer vormodernen Zeit gegenübergestellt. Diese grundlegende Epochenbildung, die nach wie vor Lehrbuchcharakter hat, wurde in den vergangenen Jahrzehnten von verschiedenen Seiten infrage gestellt – oft mit guten Gründen. In globalgeschichtlicher Perspektive etwa stellt sich die Frage, ob eine Chronologie, die auf europäischen oder nordatlantischen Entwicklungen beruht, nicht von vornherein in einer eurozentrischen Sichtweise befangen ist. Auch die Klimageschichte ist, indem sie den anthropogenen Klimawandel als Zäsur betrachtet, durch dessen Verflechtung mit der Geschichte moderner Industriegesellschaften mit demselben Dilemma konfrontiert.

Für dieses Problem gibt es keine einfache Lösung. Einerseits ist es unmöglich, dem anthropogenen Klimawandel die außerordentliche Bedeutung einzuräumen, die ihm gebührt, ohne die historische Rolle der industriellen Energietransformation zu betonen, die ihn hauptsächlich verursacht hat. Andererseits führt die Chronologie der Industrialisierung, wenn man sie bis auf die Anfänge zurückführt, unweigerlich nach Europa und Nordamerika. Das ist nicht nur für die historische Darstellung bedeutsam, sondern auch für eine lösungsorientierte Beschreibung des Klimaproblems selbst. Berechnungen historischer Emissionen zeigen, dass die Verantwortung für den Klimawandel über Raum und Zeit sehr ungleich verteilt ist (siehe den nächsten Abschnitt).

Hinter dieser Ungleichheit stehen industrielle Entwicklungspfade, die sich wirtschaftlich, technologisch, aber auch politisch-gesellschaftlich ganz erheblich voneinander unterscheiden. Große Unterschiede zeigen sich im Systemvergleich zwischen liberalen Marktwirtschaften und sozialistischen Planwirtschaften, die das 20. Jahrhundert bis zum Ende des Kalten Krieges wesentlich geprägt haben. Der systemische Gegensatz entwickelte sich nach der Oktoberrevolution 1917 in Russland und verfestigte sich nach dem Zweiten Weltkrieg durch die Blockbildung. Die Sowjetunion und später, in der Phase des Kalten Krieges, andere sozialistische Gesellschaften Osteuropas industrialisierten sich unter den Bedingungen einer antikapitalistischen Wirtschaftsordnung. Nach dem Ende des Kalten Krieges waren die Industrialisierungsdefizite der ehemaligen Ostblockstaaten so offenkundig, dass diese in der Klimarahmenkonvention von 1992 den Status von Ökonomien im Übergang zur Marktwirtschaft erhielten.

Industrielle Entwicklung übte im 20. Jahrhundert weit über die Grenzen Europas und Nordamerikas hinaus eine enorme Anziehungskraft aus, weil sie mit dem Versprechen von wirtschaftlichem Wachstum und Wohlstand verbunden war. Über lange Phasen der neueren Geschichte war Modernisierung mit Industrialisierung gleichbedeutend. Folglich schrieben wirtschaftliche und gesellschaftliche Modernisierungsprogramme, ob sie sich als kapitalistisch oder sozialistisch verstanden, die Industrialisierung auf ihre Fahnen.

Damit ist aber für die Geschichtsschreibung nicht zugleich

schon ein Modernisierungsnarrativ gesetzt, in dem sich europäische oder nordamerikanische Entwicklungen zur internationalen Norm erheben. Ganz im Gegenteil: Der Klimawandel und seine Gefahren zeigen die Schattenseite der Industrialisierung und der von ihr geprägten Modernisierung. Im Verbund mit den anderen großen Umweltproblemen unserer Zeit – Artensterben, Übersäuerung der Ozeane, industriellen Umweltkatastrophen, chemischer Verschmutzung, Wassermangel, Veränderungen des Stickstoff- und des Phosphorzyklus – weist der heutige Klimawandel auf die Grenzen hin, an die Wachstum und Wohlstand auf einem endlichen Planeten mit endlichen Ressourcen stoßen. Der schwedische Nachhaltigkeitswissenschaftler Johan Rockström (* 1965) hat hierfür das Konzept der planetaren Grenzen entwickelt. Eine wirtschaftliche und gesellschaftliche Entwicklung, die an diese Grenzen stößt, zerstört ihre eigenen Lebensgrundlagen und stellt ihre Zukunftsfähigkeit infrage. Eine affirmative Modernisierungserzählung, die sich an der industriellen Entwicklung orientiert, kann daher nicht als Rahmen für eine Globalgeschichte des Klimas seit dem 19. Jahrhundert dienen.

Ungleichheit und historische Verantwortung

Im Hinblick auf die Ursachen des anthropogenen Klimawandels sind die fossilen Energieträger das Entscheidende an der Industrialisierung. Ihre Verbrennung treibt die Emission jener Gase an, die den natürlichen Treibauseffekt verstärken, insbesondere des Kohlendioxids. Hinter der Dynamik wiederum, die sich zwischen fossilen Energieressourcen und dem Klimasystem entwickelt hat, stehen vor allem wirtschaftliche Kräfte. Das Streben nach Wohlstand und Wachstum hat bisher ausnahmslos fossile Entwicklungspfade beschritten.

Der Übergang vom Holz zur Kohle begann in England schon im späten 16. Jahrhundert, also schon vor der Industrialisierung. In London, damals die am schnellsten wachsende Stadt Europas, kauften vor allem Privathaushalte die billigere Kohle und nutzten sie als Quelle für Wärmeenergie zum Heizen und Kochen. Einen ähnlichen Bedarf hatten zwar auch einige Handwerksbranchen, aber noch gab es keine industrielle Produktion auf breiter fossiler Basis. Die frühe Industrialisierung im 18. Jahrhundert war vor allem geprägt durch einen neuen Grad der Arbeitsteilung und eine Mechanisierung von Arbeitsabläufen in Handwerk und Manufakturen, besonders in der Textilindustrie.

Erst durch einige Schlüsseltechnologien wie die Dampfmaschine entwickelte sich nach und nach das Muster der *fossilen* Industrialisierung. Dampfmaschinen begünstigten die Kohleförderung auf mehr als eine Weise: Sie erreichten in Bergwerken beim Abpumpen von Wasser aus den Stollen weitaus höhere Leistungen. Das ermöglichte, gemeinsam mit weiteren technologischen Fortschritten im Tiefbau, den Abbau von immer tiefer liegenden Flözen. Später wurden Dampfmaschinen auch für den Transport eingesetzt. Die Eisenbahn erwies sich als kostengünstige Lösung für das Problem, Kohle über längere Strecken zu transportieren. Technologische Innovationen wie Speicher- und Verteilungstechnologien oder Transformatoren, die eine Umwandlung fossiler Energie in andere Energieformen gestatteten, schufen mit der Zeit immer neue Verflechtungen zwischen maschineller Produktion und fossilen Brennstoffen. Im Mutterland der Industrialisierung, in England, mussten Kohle und Industrie erst Schritt für Schritt zueinander finden.

Nachdem sie sich gefunden hatten, wurde die fossile Industrialisierung zum Modell für andere Länder. Sie erreichte zunächst Belgien, Frankreich, Deutschland und die Vereinigten Staaten. Dabei ermöglichte die Orientierung am englischen Beispiel den Nachahmern einen Zeitgewinn. Während der Übergang vom Holz zur Kohle in England mehr als zwei Jahrhunderte in Anspruch genommen hatte, vollzog er sich in Frankreich in 75 Jahren (1800–1875), in Schweden in 55 Jahren (1855–1910), in den Vereinigten Staaten in 41 Jahren (1843–1884) und in Japan, der ersten asiatischen Industrienation, in nur 31 Jahren (1870–1901). In Russland und später der Sowjetunion benötigte er etwas länger, nämlich 50 Jahre (1885–1935).

Die Geschichte der Industrialisierung zeigt insgesamt, wie schon früher erwähnt, eine ungleiche Entwicklung. Dasselbe gilt für die Verbreitung des fossilen Energieregimes und der Technologien, die notwendig sind, um ein solches Regime aufzubauen und zu betreiben. Diese Ungleichheiten spielen in internationalen Klimaverhandlungen heute eine große Rolle. Sie werfen Fragen der Gerechtigkeit zwischen traditionellen Industrienationen und Entwicklungsländern auf: Welche Länder sind verpflichtet, Treibhausgasemissionen zu reduzieren? Alle Länder oder nur die Industrienationen? Wie sind die verbleibenden Emissionen bis zum Erreichen einer Erwärmung von maximal 2 °C zu verteilen? Haben Entwicklungsländer einen legitimen Anspruch, Wachstum und Wohlstand auf fossilen Energiepfaden voranzutreiben, oder müssen sie darauf verzichten? Wie können die Hauptverursacher des Klimawandels den Ländern, die nur wenig dazu beigesteuert haben, helfen, die Auswirkungen des Klimawandels zu bewältigen?

Die historische Verantwortung für den anthropogenen Klimawandel ist bei der Verhandlung solcher und noch weiterführender Fragen von zentraler Bedeutung. Als Grundlage dienen Berechnungen kumulativer Emissionen. Dabei ist die Summe der Emissionen eines Staates über die Zeit nicht einfach gleich der relativen Verantwortung dieses Staates im Verhältnis zu anderen Staaten. Staaten sind keine gleichförmigen Gebilde, sondern unterscheiden sich durch die Lage ihres Territoriums auf dem Globus, durch das Vorkommen natürlicher Ressourcen, durch Klima, Flora und Fauna. Vor allem aber unterscheiden sie sich durch die Zahl der Menschen, die in ihnen leben, und durch deren Lebensweise, die sich auf den Verbrauch natürlicher Ressourcen auswirkt. Das bedeutet, dass sich die Emissionen eines Landes nicht nur über die Zeit aufaddieren, sondern auch mit der Zahl der Menschen, die in einem Territorium leben, mit dem Pro-Kopf-Energieverbrauch und natürlich auch mit Art und Intensität der jeweiligen Landnutzung.

Alle diese Unterschiede werden in Berechnungen kumulativer Emissionen unsichtbar (Abb. 10). Eine auf Staaten eingeengte Perspektive ist dennoch insofern gerechtfertigt, als es Staaten sind, die über Maßnahmen zur Kontrolle des Klimawandels verhandeln. Dabei zeigt sich, dass die USA den größten Anteil

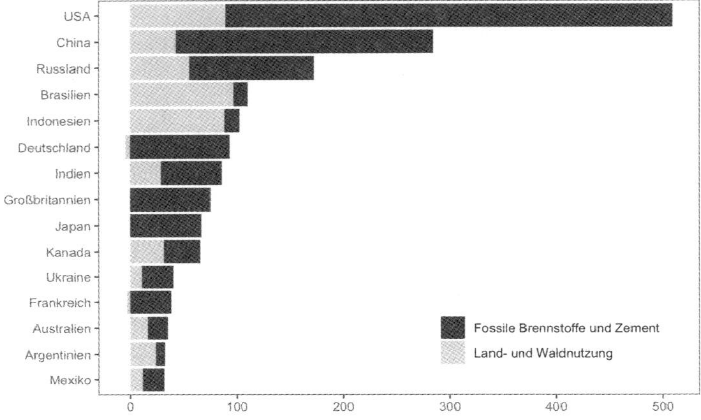

Abb. 10: Kumulative CO_2-Emissionen ausgewählter Länder in Gigatonnen (Gt).

an kumulativen CO_2-Emissionen haben. Das war schon vor 30, 50 und 70 Jahren so. Heute jedoch folgen auf die USA schon nicht mehr europäische Industrienationen, sondern China und Russland. Länder mit langer Industrialisierungsgeschichte wie Frankreich, Großbritannien und Deutschland wurden von Ländern wie Brasilien, Indonesien oder Indien eingeholt oder überholt. Im Falle Brasiliens und Indonesiens sind dafür vorwiegend Emissionen aus der Land- und Waldnutzung verantwortlich.

Der heutige Stand bei den kumulativen Emissionen spiegelt unter anderem die beschleunigte Industrialisierung von Ökonomien wider, die später auf den industriellen Entwicklungspfad eingeschwenkt sind. China bietet dafür das herausragende Beispiel. Bestimmte Länder haben nicht schon darum größere Emissionen zu verantworten, weil sie früher auf den industriellen Pfad aufgesprungen sind. Für das Klimasystem ist nicht die zeitliche Tiefe von Industrialisierungsprozessen, sondern die Menge der Emissionen ausschlaggebend. Diese kumulieren bei bevölkerungsreichen Ländern, die den Prozess der fossilen Industrialisierung durchlaufen, besonders rasch.

Wandel des fossilen Energieregimes

Seit dem 19. Jahrhundert hat sich die Industrialisierung immer wieder transformiert. Um diesen Wandel zu beschreiben, haben sich Begriffe wie «erste» und «zweite Industrialisierung» oder «Industrie 1.0», «Industrie 2.0» usw. eingebürgert. In der Regel beziehen sich solche Einteilungen auf Veränderungen der industriellen Produktion, etwa von der Schwerindustrie zur chemischen Industrie, oder Veränderungen in der Arbeitswelt industrialisierter Länder. Aber keine dieser Transformationen führte weg vom Pfad der fossilen Energie. Auch aus der Deindustrialisierung, die in den 1980er Jahren in den traditionellen westlichen Industrieländern Großbritannien, USA, Frankreich und Deutschland eingeläutet wurde, folgte nicht die Ablösung von fossilen Brennstoffen (Defossilisierung) oder ein Rückgang der Emissionen aus ihrer Verbrennung (Dekarbonisierung). Im Gegenteil: Der Verbrauch fossiler Energieressourcen nahm in dieser Phase weiter zu und stagnierte allenfalls in vorübergehenden Wachstumskrisen oder aufgrund hoher Energiepreise. «Deindustrialisierung» steht für einen Abbau der traditionellen industriellen Produktion in Schwer- und verarbeitender Industrie, für deren Verlagerung in Niedriglohnländer, aus denen entsprechende Produkte importiert werden, und nicht zuletzt für eine Verschiebung des Schwerpunkts der inländischen Arbeitswelt in den Dienstleistungssektor. Aber auch deindustrialisierte Ökonomien bleiben fossil.

Das fossile Energieregime wurde zwar bisher nicht durch ein anderes Regime abgelöst, das ohne fossile Brennstoffe auskäme. Es hat sich aber ständig verändert. Diese Veränderungen zeigen sich zum einen am Wechsel zwischen fossilen Energieträgern, zum anderen auf dem Feld der technologischen Innovationen und ihrer Anwendungen in den Bereichen Mobilität (z. B. Eisenbahn, Auto, Flugzeug), Transport (z. B. Fracht- und Tankschiffe) und Kommunikation (z. B. Telegraphen, Computer und Mobiltelefone). Die Funktionalität dieser Innovationen ist nicht nur an Energieströme überhaupt, sondern oft auch an die stofflichen Eigenschaften bestimmter fossiler Energieträger gebunden.

Die Entwicklung der gesamten kraftstoffgetriebenen Mobilität auf der Straße, auf Schienen, auf dem Wasser und in der Luft setzt die Beherrschung einer Vielzahl chemischer und physikalischer Prozesse voraus: Verbrennung und Elektrifizierung, aber auch Raffination, durch die Rohöl in Treibstoffe wie Diesel, Benzin oder Kerosin umgewandelt wird. Die stofflichen Eigenschaften bestimmter fossiler Ressourcen haben zudem der chemischen Industrie spezifische Anknüpfungsmöglichkeiten geboten. Ein Beispiel bietet die Kunststoffproduktion, der Rohöl nicht nur als Energiequelle, sondern auch als Kohlenstoffbasis dient.

Eine ungefähre Chronologie der Transformationen des fossilen Energieregimes lässt sich aus Daten zum globalen primären Energieverbrauch seit 1800 entwickeln (Abb. 11). Das 19. Jahrhundert wird manchmal pauschal das «Zeitalter der Kohle» genannt. Aber tatsächlich handelte es sich um die «letzte Periode des Tausende von Jahren währenden Holzzeitalters» (Smil, Grand Transitions, S. 118; Übers. d. Autors). Die Kohle dominierte erst im Zeitraum von 1890 bis 1950. Seitdem ist Erdöl der größte einzelne Energieträger, aber die Kohle hat immer noch einen erheblichen Anteil an den Gesamtfördermengen. Ab etwa 1980 lässt sich der Aufstieg von Gas zur dritten großen fossilen Energieressource beobachten. Schätzungen der Öl- und Gasvorräte und Prognosen ihrer jeweiligen Fördermengen in den kommenden Jahrzehnten machen wahrscheinlich, dass Gas die anderen beiden fossilen Hauptenergiequellen ablösen und zur dominanten Ressource in der letzten Phase des fossilen Zeitalters werden wird.

Diese Entwicklung kann nur durch eine rasche Expansion des Energieanteils aus Wind, Sonne und Wasser aufgehalten werden. Bisher ist jedoch keine Trendwende erkennbar. Zwar haben diese alternativen Energien in den vergangenen Jahrzehnten deutlich zugenommen. Sie hinken aber immer noch weit hinter dem Ziel einer Ablösung fossiler Energieträger hinterher. Absichtserklärungen einzelner Staaten oder Staatengemeinschaften wie der Europäischen Union haben jüngst wie schon in der Vergangenheit ehrgeizige Klimaziele formuliert, ohne dass sich

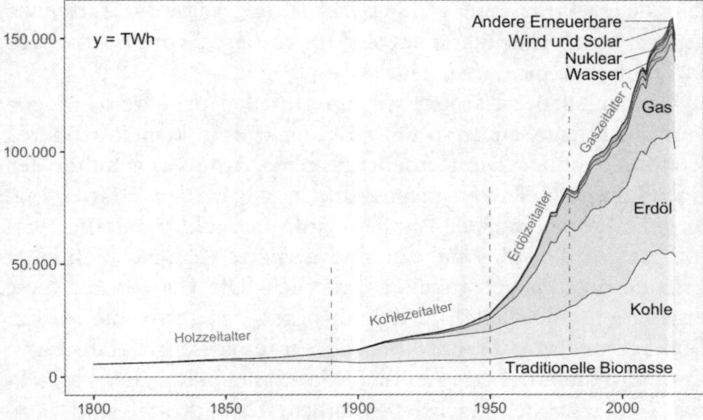

Abb. 11: Transformation des fossilen Energieregimes: Der primäre Energieverbrauch im Zeitraum 1800–2020 (in Terawattstunden = TWh) kann als Maßstab für die Übergänge vom Holz- ins Kohle- und weiter ins Erdöl- und Gaszeitalter betrachtet werden.

bei den Treibhausgasemissionen eine Trendwende abzeichnet. Die globalen Emissionen sind im Zeitraum von 1980 bis 2021 Jahr für Jahr angestiegen. Lediglich die Finanzkrise von 2009 und die COVID-19-Pandemie haben den Anstieg für kurze Zeit unterbrochen.

Immer wieder ist die Kernenergie als mögliche Brücke in ein postfossiles Zeitalter ins Spiel gebracht worden. 1986, nur wenige Monate nach der Explosion in Block 4 des Kernkraftwerks Tschernobyl, warben einige deutsche Physiker für die Kernkraft als Ausweg aus einer bevorstehenden Klimakatastrophe. Zuletzt hat Bill Gates (* 1955) für diesen Weg geworben und ihn mit Investitionen unterstützt. Aber bisher setzt nur Frankreich bei der Erreichung seiner Klimaziele auf das nukleare Pferd. Historisch wurzelt diese Entschlossenheit in Frankreichs Status als einziger kontinentaleuropäischer Militärmacht mit eigenen Atomwaffen. Dieser Status war für das Selbstwertgefühl Frankreichs nach dem Zweiten Weltkrieg von großer Bedeutung, was sich bis heute positiv auf die öffentliche Akzeptanz der Kernenergie auswirkt. Eine vergleichbar starke Antiatomkraftbewegung wie in Deutschland hat sich unter diesen Voraussetzungen in Frankreich nie entwickelt.

Der Anteil der Kernenergie am globalen primären Energieverbrauch liegt seit 2010 um 5 % und war zu keinem früheren Zeitpunkt höher. Die Kernenergie blieb damit weit hinter den hochfliegenden Erwartungen zurück, die in den 1950er und 1960er Jahren mit der Aussicht auf ein Nuklearzeitalter verknüpft wurden, das nahezu unbegrenzte Mengen an billiger Energie für alle Verbraucher versprach. Die Gründe für diese Stagnation sind vielfältig. Zu ihnen gehören Probleme bei der Endlagerung von Brennstäben und traumatische Erfahrungen mit mindestens drei großen Reaktorunfällen, die sich ins kollektive Gedächtnis eingeschrieben haben: Three Mile Island 1979 in den USA, Tschernobyl 1986 in der Sowjetunion und zuletzt Fukushima 2011 in Japan. Die Hoffnungen auf niedrige Preise haben sich nie erfüllt, und die hohen Investitionen in den Bau von Kernkraftwerken haben sich als wirtschaftlich unrentabel erwiesen. Diese Investitionen erfordern lange Laufzeiten von über 30 Jahren, die aber mit erheblichen politischen und ökonomischen Unsicherheiten verbunden sind.

Alle diese Gründe zusammengenommen bieten jedoch keine hinreichende Erklärung für das Scheitern des Nuklearzeitalters. Die Kernenergie blieb vor allem deshalb auf eine bescheidene Rolle bei der globalen Energieproduktion reduziert, weil der Verbreitung von Kernkraftwerken militärstrategische Interessen entgegenstehen. Länder, die Kernkraftwerke bauen, verfügen auch über das Knowhow zur Konstruktion von Kernwaffen. Die Atommächte, vor allem die Supermächte USA und Sowjetunion, aber auch Frankreich, Großbritannien und China, hatten schon während des Kalten Krieges kein Interesse an deren Weiterverbreitung. Der in den 1960er Jahren verhandelte und 1970 in Kraft getretene Atomwaffensperrvertrag erkennt zwar das «unverbrüchliche Recht» aller Unterzeichnerstaaten auf ein ziviles Atomprogramm an. Und tatsächlich ist die Liste der Länder mit ziviler Nutzung der Kernenergie heute länger als die der Atommächte im militärischen Sinn. Gleichwohl ist und bleibt es ein genuines Interesse der Atommächte, die Proliferation der Kernkraft zu beschränken, weil der Weg von der Kernkraft zur Kernwaffe kurz ist. Zuletzt hat sich dieses Interesse wieder bei den Verhandlungen über ein Atomabkommen mit dem Iran erwiesen.

Politisierung des anthropogenen Klimawandels

Fossile Ressourcen entstehen durch geologische Prozesse, die über mehrere Millionen bis mehrere hundert Millionen Jahre ablaufen. Ihr Vorkommen ist natürlicherweise ungleich auf der Erde verteilt. Diese Geographie fossiler Ressourcen steht in einem Spannungsverhältnis zu den Energieinteressen von Staaten. Daher spielte der Zugang zu diesen Ressourcen in der Geopolitik der letzten 150 Jahre eine entscheidende Rolle. Imperiale Großmächte wie Großbritannien, die USA und die Sowjetunion haben in der Zeit der Weltkriege und des Kalten Krieges mit fossilen Ressourcen Großmachtpolitik betrieben. Knappheit, Verfügbarkeit und Verteilung der Ressourcen waren in dieser fossilen Geopolitik ein Dauerthema. Im Gegensatz dazu spielte die Klimaerwärmung bis in die 1970er Jahre hinein keine nennenswerte Rolle, obwohl der kausale Zusammenhang zwischen der massenhaften Verbrennung von Kohle, Öl und Gas und dem anthropogenen Klimawandel längst bekannt war. Dessen Politisierung setzte erst Mitte der 1960er Jahre ein.

Dafür gibt es mehrere Gründe. Viele Wissenschaftler erkannten in der anthropogenen Verstärkung des Treibhauseffekts lange Zeit keine Gefahr, sondern eher das Gegenteil. Guy Stewart Callendar (1898–1964) zum Beispiel äußerte 1938 die Einschätzung, dass die Verbrennung fossiler Brennstoffe «sich wahrscheinlich, über die Versorgung mit Wärme und Energie hinaus, in mehr als einer Hinsicht als nützlich für die Menschheit erweisen» würde (Callendar, Carbon Dioxide, S. 236; Übers. d. Autors). Die Grenze für die Verbreitung von Kulturpflanzen könnte sich durch die Erwärmung nach Norden verschieben, vor allem aber die nächste Eiszeit verhindert werden. Callendar konnte zu diesem Zeitpunkt nicht vorhersehen, mit welcher Geschwindigkeit sich der Verbrauch fossiler Brennstoffe im Boom der Nachkriegszeit steigern würde. Auch grundlegende wissenschaftliche Fragen waren zu diesem Zeitpunkt unbeantwortet, darunter Geschwindigkeit und Dauer, mit denen sich das Kohlendioxid in der Atmosphäre konzentrierte.

Die wissenschaftliche Einschätzung des Klimawandels und seiner Folgen war zwei Jahrzehnte später schon nicht mehr optimistisch. 1957 warnten der Nuklearphysiker Hans Eduard Süß (1909–1993) und der Ozeanograph Roger Revelle (1909–1991), die Menschheit führe ein geophysikalisches Experiment großen Stils durch, das weder in der Vergangenheit möglich war noch in der Zukunft wiederholbar sein würde: «In wenigen Jahrhunderten führen wir den konzentrierten organischen Kohlenstoff, der über Hunderte von Jahrmillionen im Sedimentgestein gespeichert war, in die Atmosphäre und die Ozeane zurück.» (Revelle & Suess, Carbon Exchange, S. 19 f.; Übers. d. Autors) Revelle setzte sich erfolgreich dafür ein, im Rahmen des Internationalen Geophysikalischen Jahres 1957/58 auf dem Mauna Loa in Hawaii eine Station zur Messung des Kohlendioxids in der Atmosphäre einzurichten. Charles David Keeling (1928–2005), der zuvor am California Institute of Technology ein neues Messverfahren entwickelt hatte, wurde zum Leiter dieser Station ernannt. Die graphische Darstellung der Messreihe, die er begann und bis zu seinem Tod fortsetzte, entwickelte sich zur einflussreichsten Kurve der Klimawissenschaft (Abb. 12).

Die Keeling-Kurve zeigte schon wenige Jahre nach Beginn der Messungen einen kontinuierlichen Anstieg der CO_2-Werte. Sie ließ keinen Zweifel daran, dass sich das CO_2 in der Atmosphäre ansammelte und stetig weiter zunahm. Vor allem diesen Messungen auf Mauna Loa ist es zu verdanken, dass das Klima Mitte der 1960er Jahre die hohe Bühne der Politik betrat. Im Februar 1965 erklärte Präsident Lyndon B. Johnson (1908–1973) in einer «Special Message to the Congress on Conservation and Restoration of Natural Beauty»: «Diese Generation hat durch radioaktive Materialien und eine stetige Zunahme des Kohlendioxids aus der Verbrennung fossiler Brennstoffe die

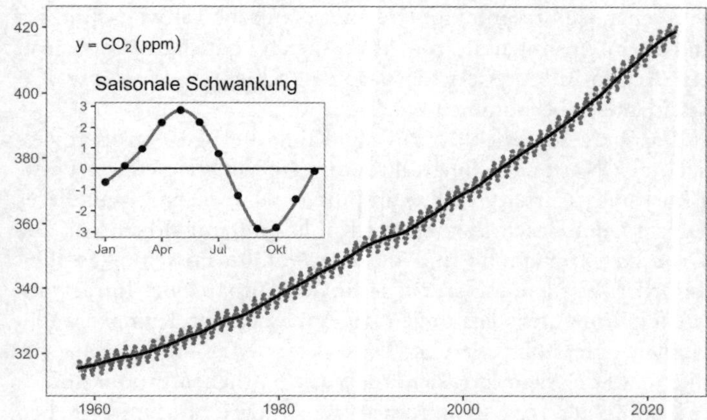

Abb. 12: Die Keeling-Kurve: CO_2-Messungen auf Mauna Loa (Hawaii), begonnen 1958 von Charles Keeling. Die Graphik zeigt die monatlichen Mittel bis Anfang 2023 in parts per million (ppm). Die saisonalen Schwankungen führen zu einem Zickzackverlauf, der im langfristigen Verlauf von einem stetigen Anstieg der Messwerte überlagert wird.

Zusammensetzung der Atmosphäre auf globaler Ebene verändert.» (Übers. d. Autors) Zum ersten Mal warnte ein amerikanischer Präsident vor der Gefahr einer Zunahme des atmosphärischen CO_2. Ein Bericht mit dem Titel *Restoring the Quality of Our Environment*, den das Science Advisory Committee des Präsidenten ebenfalls 1965 veröffentlichte, nahm direkt Bezug auf Keelings CO_2-Messungen.

Von diesem Punkt an entwickelte sich der Klimawandel langsam zu einem neuen Politikfeld, und zwar zuerst in den USA. Schon 1963 hatte sich das zunehmende Umweltbewusstsein der amerikanischen Öffentlichkeit im Clean Air Act niedergeschlagen. Seine Einführung regulierte Emissionen aus industrieller Produktion und Verkehr, um der Luftverschmutzung durch Schwermetalle und andere Schadstoffe entgegenzuwirken. In Großbritannien war ein ähnliches Gesetz gleichen Namens gegen den Smog schon 1956 beschlossen worden. Obwohl keines dieser Gesetze auf die Beschränkung des Klimawandels zielte, verdienen sie Erwähnung. Die amerikanische Umweltschutzbehörde (Environmental Protection Agency) hat später den Clean Air Act so interpretiert, dass sie den Klimaschutz in ihre Zuständigkeit übernommen hat.

Das erste ausdrücklich auf das Klima bezogene größere Gesetz, den National Climate Program Act, unterzeichnete Präsident Jimmy Carter (* 1924) im Jahr 1978. Allerdings sah dieses Gesetz keine Beschränkung der Kohlenstoffemissionen vor. Die Grundlagenforschung und die angewandte Forschung sollten gefördert werden, außerdem sollte der Aufbau einer Infrastruktur für Klimadienstleistungen zur Anpassung an Klimaveränderungen unterstützt werden. Diese letzte Maßnahme zielte vor allem auf die Sicherung der landwirtschaftlichen Produktion.

Anfang der 1970er Jahre warf die Ölkrise für die westlichen Industrienationen weitreichende Fragen der Energiesicherheit auf. In der Folge verknüpfte sich in den 1970er Jahren die Klimafrage mit dem Energieproblem. Auch wissenschaftlich wurden diese beiden Schlüsselfragen der Zukunft miteinander verflochten. Das strategische Denken in Zukunftsszenarien wurde von der Klimaforschung direkt aus dem Bereich der Energieplanung übernommen und weiterentwickelt. In der zweiten Ölkrise von 1979 zeigte sich erstmals, dass Klimaschutz kaum über politische Durchsetzungskraft verfügte, wenn Verbraucher durch Inflation und die nationale Wirtschaft durch hohe Arbeitslosigkeit belastet waren. Die USA selbst waren inzwischen von Ölimporten abhängig geworden. Präsident Carter versuchte, die Energieunabhängigkeit des Landes durch einen Mix von mehr national abgebauter Kohle und Erdgas, Kern- und Sonnenenergie wiederherzustellen. Als fataler Fehler erwies sich jedoch, die amerikanischen Verbraucher gleichzeitig zum Energiesparen aufzurufen. Vielen Amerikanern erschien dies als ungebührlicher Eingriff der Regierung in ihren Lebensstil.

Carter geriet durch weitere Umstände unter Druck: durch den Atomunfall in Three Mile Island am 28. März 1979, den schwersten in der amerikanischen Geschichte, und durch die Geiselkrise im Iran. Im Zuge der Iranischen Revolution drangen am 4. November 1979 iranische Studenten in die US-Botschaft in Teheran ein und nahmen 52 Diplomaten als Geiseln, um ihrer Forderung nach Auslieferung des in die USA geflüchteten Schahs Nachdruck zu verleihen. Die Irankrise erleichterte Carters Aufgabe, vor der amerikanischen Öffentlichkeit zu begründen, warum er der nationalen Energiesicherheit hohe Priorität einräumte. Durch den Atomunfall von Three Mile Island sah er sich jedoch dazu gezwungen, bei der Überwindung der Energiekrise stärker als geplant auf die Kohle zu setzen.

Das brachte ihm Gegenwind aus seinem eigenen Energieministerium ein, das einen Bericht der JASON Defense Advisory Group, einer unabhängigen Gruppe von Wissenschaftlern, in Auftrag gegeben hatte. Im April 1979 warnte der JASON-Bericht vor den Folgen ansteigender CO_2-Werte für das Klima und sprach sich gegen einen verstärkten Einsatz der nationalen Kohlereserven aus. Der daraufhin vom Weißen Haus bei der National Academy of Sciences in Auftrag gegebene Charney-Bericht vom Juli 1979 bestätigte die Berechnungen des JASON-Klimamodells. Es hatte die mittlere globale Erwärmung bei einer Verdoppelung des CO_2-Gehalts (von 300 auf 600 ppm) bis Mitte des 21. Jahrhunderts auf 2–3 °C geschätzt.

Die JASON- und Charney-Berichte zeugen davon, dass sich Ende der 1970er Jahre ein wissenschaftlicher Konsens über den Klimawandel herausgebildet hatte. Weitere wissenschaftliche Berichte, die in den 1980er Jahren von der National Academy und der US-Regierung in Auftrag gegeben wurden, stimmten ebenfalls überein, dass anthropogene Treibhausgase das Erdklima erwärmen, und kamen in ihren Kalkulationen zu ähnlichen Ergebnissen. Neu war, dass den erwarteten ökonomischen Auswirkungen der globalen Erwärmung mehr Aufmerksamkeit geschenkt wurde. Notwendige Einschränkungen bei den Treibhausgasemissionen wurden nicht mehr nur unter dem Gesichtspunkt der nationalen Energiesicherheit, sondern auch im Hinblick auf ihre mittel- und langfristigen Auswirkungen auf das Wirtschaftswachstum beleuchtet.

Von Montreal bis Rio

Die frühen 1980er Jahre waren eine Phase besonderer Kälte zwischen den Supermächten USA und Sowjetunion. Der Einmarsch sowjetischer Truppen in Afghanistan 1979 und der NATO-Doppelbeschluss vom Ende desselben Jahres, mit dem das westliche Verteidigungsbündnis die Stationierung neuer Mittelstreckenraketen in Westeuropa in die Wege leitete, beendeten eine Dekade der Entspannung zwischen Ost und West. 1980 wurde der erzkonservative Ronald Reagan (1911–2004) zum Nachfolger Carters gewählt.

Dieser Wechsel an der Spitze der US-Regierung bedeutete zunächst schlechte Aussichten für die Bewältigung des Klimaproblems. Auch die Umstände sprachen dagegen, denn die USA befanden sich inmitten einer Inflationskrise. Die Reagan-Administration reagierte in der vorherrschenden Stimmung empfindlich auf Wissenschaftler, die vor einer globalen Erwärmung durch die ungebremste Verbrennung fossiler Brennstoffe warnten. Sie kürzte die Mittel für die Klimamodellierung und erschwerte damit die Forschungen von Wissenschaftlern. Auch Keelings Messungen auf Mauna Loa wurden für kurze Zeit die Mittel entzogen.

Neue Wege ging die US-Regierung während Reagans zweiter Amtszeit. Es kam zu einer konstruktiven Verbindung zwischen Klimapolitik und Reagans neoliberaler Wirtschaftspolitik, den «Reaganomics». Die USA übernahmen bei den Verhandlungen zum 1987 unterzeichneten «Montrealer Protokoll über Stoffe, die zu einem Abbau der Ozonschicht führen», eine Führungsrolle. Das Leitmotiv für die US-Regierung bestand in der Zielsetzung, dass andere Nationen mitziehen müssten, damit die nationale Wirtschaft der USA nicht durch einseitige Umweltvorschriften zum Schutz der Ozonschicht Schaden nehme. Mit anderen Worten, internationale Verträge erschienen als geeignetes Mittel, um Wettbewerbsnachteile der US-Wirtschaft auf den globalen Märkten durch rein nationale Umweltschutzmaßnahmen zu vermeiden. Außerdem wurde der wissenschaftliche Konsens, dass sich das Ozonproblem nur global lösen ließ, von der Regierung geteilt. Der Erfolg des Montreal-Protokolls wurde zum Modell für die internationale Zusammenarbeit beim Klimawandel und erweckte Hoffnungen, dass dieses Problem in absehbarer Zeit mit wirksamen Maßnahmen bekämpft werden konnte. Tatsächlich setzte sich die Reagan-Administration ebenso wie die nachfolgende Regierung unter George H. W. Bush (1924–2018) für den Aufbau einer institutionellen Struktur für die internationale Klimapolitik ein.

Rekordtemperaturen und Dürren im Jahr 1988 unterstrichen die Dringlichkeit des Klimaproblems. Anhörungen vor dem Ausschuss für Energie und natürliche Ressourcen des US-Senats zeigten Wirkung in der amerikanischen Öffentlichkeit und weit darüber hinaus. Am 23. Juni 1988 trat der Klimaforscher James Hansen (* 1941) vor den Ausschuss. «Die Erde ist 1988 wärmer als zu irgendeinem früheren Zeitpunkt seit Beginn instrumenteller Messungen», sagte er. Die globale Erwärmung sei nun hinreichend ausgeprägt, «dass wir sie mit großer Wahrscheinlichkeit ursächlich dem Treibhauseffekt zuschreiben können» (zit. nach Mast, Climate Change Politics, Bd. 1, S. 102; Übers. d. Autors). Möglicherweise war es dem zunehmenden öffentlichen Druck zu verdanken, dass sich der damalige Vizepräsident George H. W. Bush, der sich um die Nachfolge Reagans bewarb, auf dem Pariser Wirtschaftsgipfel im Juli 1988 als führende Persönlichkeit in globalen Umweltfragen positionierte. Nach seiner Wahl ins Amt des Präsidenten unterzeichnete er eine Änderung des Clean Air Act, mit der die Überwachung der Luftqualität verbessert werden sollte. Bush führte das erste «Cap-and-Trade»-System ein, das wirtschaftliche Anreize zur Emissionsreduzierung schaffen sollte. Damit wurde ein Marktinstrument erprobt, das alternativ zur Besteuerung eingesetzt wurde und insofern mit Prinzipien neoliberaler Wirtschaftspolitik konform ging.

Mit der Gründung des Zwischenstaatlichen Ausschusses für Klimaänderungen (Intergovernmental Panel on Climate Change, IPCC), ebenfalls 1988, begann eine neue Phase in der internationalen Klimapolitik. Der IPCC wurde mit einer Inventarisierung der globalen Treibhausgasemissionen und regelmäßigen

Berichten zum Stand der Klimaforschung beauftragt. Der erste IPCC-Sachstandsbericht erschien 1990 und versicherte, es sei wissenschaftlicher Konsens, dass die Klimaerwärmung tatsächlich stattfinde und vor allem von anthropogenen Treibhausgasen angetrieben werde. Der IPCC empfahl konzertierte internationale Maßnahmen zur Eindämmung des Klimawandels.

1992 wurde das Rahmenübereinkommen der Vereinten Nationen über Klimaänderungen (United Nations Framework Convention on Climate Change, UNFCCC) ausgearbeitet und während des Erdgipfels in Rio de Janeiro unterzeichnet. Die UNFCCC wurde von 197 Mitgliedsstaaten der UNO ratifiziert und ist eine Art UN-Charta der Klimapolitik. Die Unterzeichnerstaaten erkannten an, dass der Klimawandel «die ganze Menschheit mit Sorge» erfülle und eine maximale Beteiligung an Maßnahmen zur Verringerung von Treibhausgasemissionen erforderlich mache.

Inzwischen hatte der IPCC auf der Basis nationaler Angaben ein Inventar der CO_2-Emissionen erstellt, das allerdings vorläufig noch keine Emissionen aus der Landnutzung berücksichtigte. Es zeigte, wie zu erwarten, erhebliche Ungleichheiten bei den Emissionen zwischen Industrie- und Entwicklungsländern. In Rio einigte man sich daher auf eine traditionelle Einteilung der Vertragsparteien in Ländergruppen mit unterschiedlichen Verpflichtungen, wie sie im Kreis der Vereinten Nationen seit langem üblich war und zum Beispiel der internationalen Entwicklungspolitik zugrunde lag. Allerdings fügte man den beiden Gruppen der Industrie- und Entwicklungsländer eine dritte Kategorie hinzu: «Länder, die sich im Übergang zur Marktwirtschaft befinden» («Economies in Transition», EiT). Der Kalte Krieg war gerade beendet worden. Die Sowjetunion war in einer freien Entscheidung ihrer Teilrepubliken aufgelöst worden, ebenso der «Ostblock», die Staatenallianz in Osteuropa, die sich unter dem hegemonialen Anspruch der Sowjetunion nach dem Zweiten Weltkrieg formiert hatte. Belarus, Bulgarien, Estland, Lettland, Litauen, Polen, Rumänien, die Russische Föderation, die Tschechoslowakei, Ukraine und Ungarn ließen die Epoche der sozialistischen Planwirtschaft hinter sich und wurden zu den Ländern im Übergang zur Marktwirtschaft gezählt.

In der UNFCCC verpflichteten sich die Industrienationen zur Reduktion von Treibhausgasen und zur technologischen Unterstützung für Entwicklungsländer und Länder im Übergang zur Marktwirtschaft. Letztere waren ebenfalls zur Reduktion ihrer industriellen Treibhausgasemissionen verpflichtet, aber nicht zum Technologietransfer an Entwicklungsländer. Diese wiederum hatten überhaupt keine Verpflichtungen, auch nicht zur Reduktion von Treibhausgasemissionen. Die Industrienationen erkannten damit grundsätzlich ihre historische Verantwortung für die Klimakrise an – ein wichtiger Schritt in Richtung Klimagerechtigkeit. Dieser Schritt blieb jedoch rein symbolisch, denn der Versuch, sich bei den Reduktionen auf verpflichtende Mengen zu einigen, scheiterte in Rio. Präsident Bush erklärte, dass der «amerikanische Lebensstil» nicht zur Disposition stehe. Das kam der Einschätzung gleich, dass die US-Bundesregierung ihren Bürgern keine Einschränkungen beim Gebrauch fossiler Brennstoffe und damit keinen Übergang in ein postfossiles Energieregime dekretieren könne. Stattdessen setzte die US-Regierung auf Märkte.

An der Präferenz von Marktinstrumenten gegenüber staatlicher Regulierung zeigte sich der neoliberale Charakter der Klimapolitik von Rio bis Paris. Die Koinzidenz zwischen dem Aufstieg des Neoliberalismus und dem Ende des Kalten Krieges verlieh dieser Denkweise besondere Autorität. Der Westen hatte den Kalten Krieg gewonnen, und das Narrativ, eine kompromisslose Haltung gegenüber der Sowjetunion sowie die «Reaganomics» hätten den real existierenden Sozialismus besiegt, zeigte weit über neokonservative Kreise hinaus Wirkung. Weder die Anziehungskraft der neoliberalen Politik noch ihre Langlebigkeit lassen sich ohne diese unerwartete Konstellation erklären, die sich mit dem Ende des Kalten Krieges ergab. Das wirkte sich auch auf die Klimapolitik aus.

Von Kyoto nach Paris

Nach Rio wurde ein neues Kapitel in der internationalen Klimapolitik aufgeschlagen. Es war geprägt von anhaltenden Verhandlungen über einen internationalen Vertrag, der für die Parteien der UNFCCC verbindliche Ziele zur Emissionsreduktion festlegen sollte. Auch das 1997 verabschiedete Kyoto-Protokoll verfehlte diese Maßgabe. Stattdessen wurden drei flexible Mechanismen zur Reduzierung der Treibhausgasemissionen und der Kosten der Klimaschutzpolitik eingerichtet: 1. der internationale Emissionshandel zwischen Industrienationen und Umbruchwirtschaften; 2. ein Mechanismus für umweltverträgliche Entwicklung durch Investitionen in erneuerbare Energien und neue Technologien – dieser Mechanismus sollte den Technologietransfer in Entwicklungsländer fördern und damit auch zur Verringerung der Emissionen aus dieser Ländergruppe beitragen; und 3. ein Mechanismus, der es Industrienationen ermöglichte, ihre Emissionen durch Investitionen in Projekte zur Emissionsminderung in anderen Industrieländern zu reduzieren.

All diese Kyoto-Mechanismen hatten keinen oder nur geringen Erfolg. Der zwischenstaatliche Emissionshandel blieb weitgehend wirkungslos, weil er nicht die erwarteten wirtschaftlichen Anreize für eine Abkehr von fossilen Brennstoffen schuf. Das Kyoto-Protokoll trat überhaupt nur schleppend in Kraft. Voraussetzung für sein Inkrafttreten war, dass ihm mindestens 55 Mitgliedstaaten beitraten, die zusammen mindestens 55 % der globalen CO_2-Emissionen auf dem Stand des Inventars von 1990 verursachten. Es dauerte jedoch bis 2005, ehe dieses Kriterium erfüllt war. Real waren die Kyoto-Parteien 2011 zusammen nur noch für 13 % der jährlichen Emissionen verantwortlich. Die USA und einige andere Hauptemittenten waren nie beigetreten.

Präsident Bill Clinton (* 1946) setzte zwar kurz vor Ende seiner zweiten Amtszeit seine Unterschrift unter das Kyoto-Protokoll. Aber er wusste genau, dass das Protokoll die Bedingungen der sogenannten Byrd-Hagel-Resolution nicht erfüllte, weshalb er es dem Senat auch gar nicht erst zur Ratifizierung vorlegte. Die

Byrd-Hagel-Resolution war 1997, noch vor den Verhandlungen von Kyoto, im US-Senat einstimmig angenommen worden. Sie besagte, dass ein internationales Abkommen über Emissionsreduktionen den USA wirtschaftlich keinen Schaden zufügen durfte. Es sollte, um Wettbewerbsnachteile zu verhindern, auch Auflagen für aufstrebende Wachstumsökonomien enthalten, die nach der Ländereinteilung der UNFCCC von 1992 der Gruppe der Entwicklungsländer angehörten. Gemeint waren in erster Linie China, Indien und Brasilien. Clintons Regierung unternahm allerdings keinerlei Anstrengungen, China und Indien in Vorverhandlungen zum Abschluss einer entsprechenden Vereinbarung zu bewegen.

Die Sackgasse, in die das Kyoto-Protokoll führte, war in der Einteilung der UNFCCC-Parteien in Ländergruppen angelegt. Diese Einteilung fixierte einen Status quo, der in den beiden darauffolgenden Jahrzehnten von der Realität überholt wurde. Maßstab für die Einteilung blieb das Inventar von 1990, und Entwicklungsländer waren per Definition nicht zur Reduktion von Emissionen verpflichtet. China, Indien und Brasilien entwickelten sich jedoch in den 1990er Jahren zu boomenden Volkswirtschaften. Wie jede ökonomische Wachstumskurve seit dem 19. Jahrhundert war auch das Wachstum in diesen Ländern von fossilen Energien angetrieben und daher mit massiven Emissionssteigerungen verbunden. Diese Volkswirtschaften entließen Jahr für Jahr rasch ansteigende Mengen an CO_2 und anderen Treibhausgasen in die Atmosphäre. China überholte die USA bei den absoluten Emissionen pro Land im Jahr 2005 und hält die Spitzenreiterposition bis heute – mit weiter wachsendem Abstand. Das liegt allerdings auch an der Größe der chinesischen Bevölkerung. Bei den Pro-Kopf-Emissionen tragen die Bürgerinnen und Bürger der USA oder Australiens nach wie vor mehr zum Klimawandel bei als Chinesinnen und Chinesen.

Schon in den späten 1990er Jahren zeichnete sich ab, dass eine erfolgreiche Eindämmung der globalen Klimaerwärmung ohne Beteiligung der Entwicklungsländer an den Emissionsreduktionen nicht zu erreichen war. Vor allem China und Indien wehrten sich jedoch gegen eine entsprechende Neuregelung mit dem Argument, dass die Verantwortung für den Klimawandel historisch bei den traditionellen westlichen Industrieländern liege. Sie pochten auf Wahrung ihrer Souveränität, die aufgrund der historischen Erfahrungen dieser Länder mit dem europäischen Kolonialismus in allen Klimaverhandlungen ein besonders heikles Thema darstellte. US-Regierungen wiederum waren spätestens nach der Jahrtausendwende nicht mehr bereit, einen internationalen Vertrag über Emissionssenkungen ohne Einbeziehung Chinas und Indiens zu akzeptieren. Dieser Widerspruch führte letztlich zum Scheitern der Verhandlungen von Kopenhagen (COP 15) im Jahr 2009.

Nach Kopenhagen nahmen die USA unter der Führung von Präsident Barack Obama (* 1961) bilaterale Gespräche mit China auf, die 2014 zu einem Abkommen über Treibhausgase führten. Damit war eine entscheidende Voraussetzung für das Pariser Abkommen von 2015 geschaffen. Darin einigten sich die Vertragsparteien der UNFCCC, die zukünftige Klimapolitik auf drei Säulen zu stellen: 1. wurde das Ziel formuliert, den Klimawandel bei 2 °C über dem vorindustriellen Niveau zu begrenzen, wenn möglich sogar bei nicht mehr als 1,5 °C. 2. verpflichteten sich *alle* Parteien, Treibhausgase zu reduzieren, und zwar in einem Maße, das von ihnen selbst bestimmt wird («Nationally Determined Contributions», NDCs). Damit war die alte Aufteilung von Verpflichtungen zwischen Industrie- und Entwicklungsländern faktisch aufgehoben. Dazu kam 3. eine Reihe flexibler multilateraler Maßnahmen: 1. die Möglichkeit, neue Emissionshandelssysteme einzuführen; 2. die Einrichtung eines *Green Climate Fund* zur Unterstützung von Entwicklungsländern bei der Klimaanpassung und bei Maßnahmen zur Verringerung von Treibhausgasemissionen; und 3. der REDD+-Mechanismus («Reducing Emissions from Deforestation and Forest Degradation»), der die Staaten für wirtschaftliche Verluste durch den Schutz der Wälder entschädigen soll.

Der Kompromiss von Paris hatte jedoch seinen Preis. Die Ziele jedes Landes bei der Reduktion von Emissionen wurden nicht mehr durch wissenschaftlich fundierte Berechnungen definiert. Dafür hatte es in der Vergangenheit verschiedene Vorschläge gegeben. Sie berechneten aus den globalen Emissionsreduktionen, die in der Summe notwendig waren, um das +2 °C-Ziel mit hoher Wahrscheinlichkeit zu erreichen, einen Anteil jedes einzelnen Landes unter Berücksichtigung seiner Größe und seiner historischen Emissionen. Bei den national festgelegten Beiträgen (NDCs) hingegen blieb offen, ob die Summe der freiwilligen Emissionsreduktionen eine wirksame Gesamtsumme ergab.

Das Pariser Abkommen gilt dennoch als Erfolg der globalen Klimapolitik. Schlüssel zu diesem Erfolg war gerade die Einigung auf Emissionsreduktionen, die von den Vertragsstaaten selbst zu bestimmen sind. Wieso ausgerechnet die NDCs zur Zauberformel von Paris werden konnten, lässt sich am leichtesten aus der Perspektive der Staaten verständlich machen, die 1992 als Entwicklungsländer eingestuft worden waren. Die Formel erleichterte es vor allem den Regierungen Chinas und Indiens, ihrer jeweiligen nationalen Öffentlichkeit zu erklären, dass die neue Bereitschaft, einen Beitrag zur Reduktion der globalen Treibhausgasemissionen beizusteuern, nicht mit Abstrichen bei der nationalen Souveränität verbunden sein würden. Weder westliche Regierungen noch «westliche Wissenschaft» würden China oder Indien Verpflichtungen «vorschreiben».

6. Schluss

Der anthropogene Klimawandel lässt sich nur eindämmen und aufhalten, indem die Weltgesellschaft ihre Energieversorgung von fossilen Verbrennungsprozessen entkoppelt. Wissenschaftler bezeichnen die damit formulierte Aufgabe als Große Transformation. Damit sie gelingen kann, ist internationale Zusammenarbeit notwendig. Würde sie gelingen, wäre dies eine kollektive Leistung von weltgeschichtlicher Bedeutung.

Jede der beiden vorangehenden großen Transformationen hatte über die Wirtschaftsweise hinaus einen totalen Umbau bis dahin bestehender gesellschaftlicher Ordnungsgefüge zur Folge. Das gilt sowohl für den Übergang zur Landwirtschaft (Neolithische Revolutionen) wie für die industrielle Revolution, in deren Verlauf das fossile Energieregime das agrarische ablöste. Keine dieser beiden Transformationen folgte einem Masterplan. Vielmehr entfalteten sie sich in eine offene und von Zufällen mitgeprägte Zukunft. Einige Historiker, die sich mit der Geschichte der Energietransformationen befasst haben, zweifeln deshalb, dass ein geplanter, politisch gesteuerter Umbau des fossilen Energieregimes gelingen kann. Die Geschichte wäre jedoch eine Zeitung ohne Neuigkeiten, würde man in ihr immer nur das wiederfinden, was schon gestern da war.

Eine Nachhaltigkeitstransformation ist überall auf der Welt mit enormen wirtschaftlichen und gesellschaftlichen Herausforderungen verbunden. Die Dekarbonisierung des Energieregimes, die in kurzer Zeit, bis 2050, erreicht werden müsste, um die Pariser Klimaziele noch zu erfüllen, bedeutet, dass große Mengen der heute bekannten Reserven an Kohle, Öl und Gas im Boden bleiben müssten. Das sind schlechte Nachrichten für die Unternehmen, die seit vielen Jahrzehnten fossile Ressourcen fördern und verkaufen. Und es sind besonders schlechte Nachrichten für Petrostaaten wie Saudi-Arabien, Venezuela oder Russland, deren Wirtschaft zum größten Teil von Exporten fossiler Ressourcen abhängt. Sie wären gezwungen, ihr Wirtschaftssystem innerhalb weniger Jahrzehnte komplett umzubauen. Andernfalls würde ihnen der wirtschaftliche Kollaps drohen. Ob die autokratischen und diktatorischen Regierungen dieser Länder, deren Macht von der Kontrolle über die fossilen Ressourcen des eigenen Landes abhängt, eine friedliche Transformation zulassen werden, erscheint fraglich. Die Dekarbonisierung der Sektoren Bau, Energie, Transport und Verkehr sowie der Landwirtschaft stellt aber auch für die klassischen westlichen Industrienationen oder den rasant gewachsenen Wirtschaftsriesen China alles andere als eine leicht zu bewältigende Aufgabe dar.

Die nachhaltige Transformation hat massive Auswirkungen auf ein klassisches Feld globaler Zukunftspolitik, das zum Erbe des 20. Jahrhunderts gehört. Die Rede ist von der Entwicklungspolitik, die bei ihrer Einteilung der Staatenwelt in entwickelte Industrienationen, Schwellenländer und Entwicklungsländer lange Zeit völlig selbstverständlich am Beispiel der ersten dieser drei Länderkategorien und damit an den Entwicklungspfaden westlicher Industrienationen orientiert war. Dies wiederum war ein Erbe des europäischen Kolonialismus und eines zivilisatorischen Überlegenheitsgefühls, das ideologisch mit ihm verbunden war. Heute geht die weit überwiegende Mehrheit von Erdsystem- und Klimaforschern davon aus, dass ein Fortwandeln auf diesen Entwicklungspfaden und ihre Ausdehnung auf den «globalen Süden» in eine planetare Katastrophe führen würde. Eine Zukunftsvision globaler Entwicklung, die am Paradigma der Verbreitung westlicher Maßstäbe von materiellem Wohlstand orientiert bleibt, stößt heute schon an planetare Grenzen. Die Konsequenz daraus kann aber natürlich nicht sein, dass es für die ärmsten Länder keinen Ausweg aus Hunger und Armut gibt.

Die 17 «Nachhaltigen Entwicklungsziele» («Sustainable Development Goals»), die ebenfalls in Paris 2015 vertraglich verankert wurden, zielen genau auf dieses Problem. Neben der Bekämpfung von Armut und Hunger deklarieren sie ein Recht auf Bildung, sauberes Wasser und Gleichheit zwischen den Geschlechtern. Aber auch Ziele traditioneller Wirtschaftsentwicklung wie Wachstum, Industrialisierung, Innovation und ein Ausbau der Infrastrukturen wurden übernommen, während gleichzeitig saubere und bezahlbare Energie, nachhaltige Städte, eine verantwortungsbewusste Produktion und wirksame Maßnahmen gegen die globale Erwärmung gefordert werden. Die Frage liegt auf der Hand, ob sich alle diese Ziele miteinander vereinbaren lassen. Wird das ambitionierte Projekt der nachhaltigen Entwicklung Utopie bleiben, oder hat es eine reale Chance auf Verwirklichung?

Zeittafel

	vor der Gegenwart
12 900–11 700	Jüngere Dryas
12 500–11 600	Natufienkultur im Nahen Osten
11 700–	Holozän
11 700–8000	Frühes Holozän (Grönlandium)
8000–4000	Mittleres Holozän (Nordgrippium)
4000–	Spätes Holozän (Meghalayum)
	v. Chr.
2700–2200	«Altes Reich» in Ägypten
ca. 2800–1800	Indus-Kultur
2334–2154	Akkadisches Reich in Mesopotamien
	n. Chr.
168–180/190	Antoninische Pest
250–270	Cyprianische Pest
476	Ende des Weströmischen Reiches
541–549	Justinianische Pest
536–550/660	Spätantike kleine Eiszeit
985	Wikinger gründen zwei Siedlungen auf Grönland
900–1250	Mittelalterliche Klimaanomalie
1135–1180	Dürreperiode in den Great Plains
1150	Anasazi geben Siedlung in Chaco Canyon auf
1257	Samalas-Eruption (Lombok/Indonesien)
1258/59	Mongolen erobern Teile Syriens
1260	Mongolen unterliegen einem Mamlukenheer bei Ayn Jālūt (Israel)
1276–1299	Große Dürre in den Great Plains, Anasazi geben Mesa Verde auf
1315–1317	«Großer Hunger» in Europa
1348–1350	«Schwarzer Tod» (Pest)
1350–1450	Ende der Wikingersiedlungen auf Grönland
1450–1850	Kleine Eiszeit
ca. 1480–1650	«Preisrevolution» (Verteuerung bei Grundnahrungsmitteln)
1492	Kolumbus erreicht die Insel Hispaniola («Entdeckung Amerikas») und gründet die erste Kolonie
1580–1630	Höhepunkt der Hexenprozesse in Europa

1644	Übergang von der Ming- zur Qing-Dynastie in China
ca. 1740–1800	Erste Debatte über anthropogenen Klimawandel und Klimawandel in historischer Zeit
1808/09	Schwerer Vulkanausbruch (nicht zugeschrieben)
1815	Ausbruch des Tambora (Sumbawa/Indonesien)
1816	«Jahr ohne Sommer» in Europa und «ohne Monsun» in Indien
1816–1818	Hungerkrisen in Europa und in Teilen Ostasiens; starke Auswanderung aus Europa, besonders nach Nordamerika
1824	Jean-Baptiste Fourier postuliert den Treibhauseffekt
1952	*Great Smog* in London
1963	Clean Air Act in den USA
1988	Gründung des Intergovernmental Panel on Climate Change (IPCC)
1992	Klimarahmenkonvention der Vereinten Nationen
1997	Kyoto-Protokoll
2015	Klimaabkommen von Paris

Zu den Graphiken

Alle Graphiken wurden vom Autor eigens für diese Publikation erstellt. Die dabei verwendeten Daten wurden ausnahmslos im Internet zugänglichen Quellen entnommen. In der Regel wird im Folgenden nicht nur auf diese Datenquellen, sondern in abgekürzter Form auch auf wissenschaftliche Referenzpublikationen verwiesen. Zu abgekürzten Titeln finden sich die vollständigen Angaben in der Liste «Ausgewählter Literatur».

Abb. 1 (S. 12): (a) Lüthi et al. 2008, Daten: PANGAEA. Data Publisher for Environmental Science, https://doi.pangaea.de/10.1594/PANGAEA.710936; (b) Jouzel et al. 2007, Daten: PANGAEA. Data Publisher for Environmental Science, https://doi.pangaea.de/10.1594/PANGAEA.683655.

Abb. 2 (S. 14): (a) Alley, Richard B., 2004: GISP2 Ice Core Temperature and Accumulation Data. IGBP PAGES/World Data Center for Paleoclimatology Data Contribution Series #2004–013. NOAA/NGDC Paleoclimatology Program, Boulder CO, USA, https://www.ncei.noaa.gov/access/metadata/landing-page/bin/iso?id=noaa-icecore-2475; (b) Marcott et al. 2013, https://www.science.org/doi/10.1126/science.1228026.

Abb. 3 (S. 20): Karte in Anlehnung an graphische und tabellarische Darstellungen bei Fuller et al. 2014 und Larson et al. 2014.

Abb. 4 (S. 29): (a) Neukom et al. 2019, Daten: https://doi.org/10.6084/m9.figshare.8143094.v3; (b) Christiansen und Ljungqvist 2012, Daten: NOAA, ftp://ftp.ncdc.noaa.gov/pub/data/paleo/contributions_by_author/christiansen2012/christiansen2012.xls.

Abb. 5 (S. 30): (a) Kobashi et al. 2013, Daten: NOAA, http://www1.ncdc.noaa.gov/pub/data/paleo/contributions_by_author/kobashi2013b/kobashi2013nh.txt; (b) Sigl et al. 2015, Daten: https://www.nature.com/articles/nature14565#MOESM42, Supplementary Data 5.

Abb. 6 (S. 69): Köhler et al. 2017, Daten: PANGAEA. Data Publisher for Environmental Science, https://doi.org/10.1594/PANGAEA.871273.

Abb. 7 (S. 73): Law Dome: Rubino et al. 2019, Daten: NOAA, https://www.ncei.noaa.gov/access/paleo-search/study/25830; Westantarktischer Eisbohrkern: Ahn et al. 2012, Daten: NOAA, ftp://ftp.ncdc.noaa.gov/pub/data/paleo/icecore/antarctica/wais2012CO2.xls.

Abb. 8 (S. 75): *Gapminder* und *Our World in Data*, gestützt auf Schätzungen der Vereinten Nationen, der Historical Database of the Global Environment (HYDE) und weitere Autoren, Daten: https://www.gapminder.org/data/documentation/gd003.

Abb. 9 (S. 85): Morice et al. 2021, Daten: Met Office (Großbritannien), https://www.metoffice.gov.uk/hadobs/hadcrut5.

Abb. 10 (S. 98): Friedlingstein et al. 2022, Daten: *Our World in Data*, gestützt auf die Daten des Global Carbon Project, https://ourworldindata.org/grapher/cumulative-CO2-including-land?tab=table&country=USA~GBR~European+Union+%2827%29~CHN~IND.

Abb. 11 (S. 101): *Our World in Data*, gestützt auf Daten von Smil 2016 (bis 1965) und die von der British Patrol veröffentlichten Statistical Reviews of World Energy, Daten: https://ourworldindata.org/grapher/global-primary-energy.

Abb. 12 (S. 105): Pieter Tans, NOAA/ESRL und Ralph Keeling, Scripps Institution of Oceanography, Daten: https://gml.noaa.gov/ccgg/trends und https://scrippsCO2.ucsd.edu.

Zitatnachweise

Buffon, Georges Louis Le Clerc de, *Epochen der Natur*, 2 Bde., St. Petersburg 1781.

Callendar, Guy Stewart, The Artificial Production of Carbon Dioxide and its Influence on Temperature, in: *Quarterly Journal of the Royal Meteorological Society* 64, 275 (1938), 223–240.

Forbes, James David, Report upon the Recent Progress and Present State of Meteorology, in: *Report of the First and Second Meetings of the British Association for the Advancement of Science at York in 1831, and at Oxford in 1832*, London 1835, 196–258.

Herder, Johann Gottfried, *Ideen zur Philosophie der Geschichte der Menschheit* (Werke III, 1–2), München 2002.

Johnson, Lyndon B., Special Message to the Congress on Conservation and Restoration of Natural Beauty, February 8, 1965, LBJ Presidential Library, www.lbjlibrary.net/collections/selected-speeches/1965/02-08-1965.html.

Mast, Jerald C. (Hrsg.), *Climate Change Politics and Policies in America. Historical and Modern Documents in Context*, 2 Bde., Santa Barbara 2019.

Williamson, Hugh, An Attempt to Account for the Change of Climate, Which Has Been Observed in the Middle Colonies in North-America, in: *Transactions of the Philosophical Society* 1 (1771), 272–280.

Ausgewählte Literatur

Ahn, Jinho et al., Atmospheric CO_2 over the Last 1000 Years: A High-Resolution Record from the West Antarctic Ice Sheet (Wais) Divide Ice Core, in: *Global Biogeochemical Cycles* 26/2 (2012), GB2027, doi:10.1029/2011GB004247.

Bar-Yosef, Ofer, The Natufian Culture in the Levant: Threshold to the Origins of Agriculture, in: *Evolutionary Anthropology* 6 (1998), 159–177.

Behringer, Wolfgang, *Tambora und das Jahr ohne Sommer. Wie ein Vulkan die Welt in die Krise stürzte*, München 2015.

Benson, Larry, Kenneth Petersen und John Stein, Anasazi (Pre-Columbian Native-American) Migrations During the Middle-12th and Late-13th Centuries: Were They Drought-Induced?, in: *Climatic Change* 83/1–2 (2006), 187–213.

Brönnimann, Stefan et al., Last Phase of the Little Ice Age Forced by Volcanic Eruptions, in: *Nature Geoscience* 12/8 (2019), 650–656.

Büntgen, Ulf et al., Cooling and Societal Change during the Late Antique Little Ice Age from 536 to around 660 AD, in: *Nature Geoscience* 9 (2016), 231–236.

Camenisch, Chantal, *Endlose Kälte. Witterungsverlauf und Getreidepreise in den Burgundischen Niederlanden im 15. Jahrhundert*, Basel 2016.

Campbell, Bruce M. S., *The Great Transition: Climate, Disease and Society in the Late-Medieval World*, Cambridge 2016.

Christiansen, Bo und Fredrik Charpentier Ljungqvist, The Extra-Tropical Northern Hemisphere Temperature in the Last Two Millennia: Reconstructions of Low-Frequency Variability, in: *Climate of the Past* 8/2 (2012), 765–786.

Cunliffe, Barry, *10 000 Jahre. Geburt und Geschichte Eurasiens*, Darmstadt 2016.

D'Arcy Wood, Gillen, *Vulkanwinter 1816. Die Welt im Schatten des Tambora*, Darmstadt 2015.

Di Cosmo, Nicola, Sebastian Wagner und Ulf Büntgen, Climate and Environmental Context of the Mongol Invasion of Syria and Defeat at 'Ayn Jālūt (1258–1260 CE), in: *Erdkunde* 75/2 (2021), 87–104.

Diamond, Jared, *Kollaps. Warum Gesellschaften überleben oder untergehen*, Frankfurt a. M. 2005.

Drixler, Fabian, *Mabiki: Infanticide and Population Growth in Eastern Japan, 1660–1950*, Berkeley 2013.

Edenhofer, Ottmar und Michael Jakob, *Klimapolitik*, München 2017.

Fan, Ka-wai, Climate Change and Chinese History: A Review of Trends, Topics, and Methods, in: *Wiley Interdisciplinary Reviews: Climate Change* 6/2 (2015), 225–238.

Friedlingstein, Pierre et al., Global Carbon Budget 2021, in: *Earth System Science Data* 14/4 (2022), 1917–2005.

Fuller, Dorian Q. et al., Convergent Evolution and Parallelism in Plant Domestication Revealed by an Expanding Archaeological Record, in: *Proceedings of the National Academy of Sciences (USA)* 111 (2014), 6147–6152.

Glahn, Richard von, *The Economic History of China: From Antiquity to the Nineteenth Century*, Cambridge 2016.

Grove, Richard, *Green Imperialism: Colonial Expansion, Tropical Island Edens, and the Origins of Environmentalism, 1600–1860*, Cambridge 1995.

Harper, Kyle, *Fatum. Das Klima und der Untergang des Römischen Reiches*, München 2020.

Hegerl, Gabriele C. et al., The Early 20th-Century Warming: Anomalies, Causes, and Consequences, in: *Wiley Interdisciplinary Reviews: Climate Change* 9/4 (2018), e522.

Howe, Joshua P., *Behind the Curve: Science and the Politics of Global Warming*, Seattle 2014.

Humboldt, Alexander von, *Kosmos. Entwurf einer physischen Weltbeschreibung*, Berlin 2014.

International Commission on Stratigraphy, Formal Subdivision of the Holocene Series/Epoch, http://www.stratigraphy.org/index.php/ics-news-and-meetings/125-formal-subdivision-of-the-holocene-series-epoch.

Jouzel, Jean et al., Orbital and Millennial Antarctic Climate Variability over the Past 800000 Years, in: *Science* 317/5839 (2007), 793–796.

Kintisch, Eli, The Lost Norse, in: *Science* 354/6313 (2016), 696–701.

Kobashi, Takuro et al., Causes of Greenland Temperature Variability over the Past 4000 Years: Implications for Northern Hemispheric Temperature Changes, in: *Climate of the Past* 9/5 (2013), 2299–2317.

Koch, Alexander et al., Earth System Impacts of the European Arrival and Great Dying in the Americas after 1492, in: *Quaternary Science Reviews* 207 (2019), 13–36.

Köhler, Peter et al., A 156 Kyr Smoothed History of the Atmospheric Greenhouse Gases CO_2, CH_4, and N_2O and their Radiative Forcing, in: *Earth System Science Data* 9/1 (2017), 363–387.

Kohler, Timothy A. et al., *Leaving Mesa Verde: Peril and Change in the Thirteenth-Century Southwest*, Tucson 2010.

Larson, Greger et al., Current Perspectives and the Future of Domestication Studies, in: *Proceedings of the National Academy of Sciences (USA)* 111 (2014), 6139–6146.

Lelieveld, Jos et al., Effects of Fossil Fuel and Total Anthropogenic Emission

Removal on Public Health and Climate, in: *Proceedings of the National Academy of Sciences USA* 116, 15 (2019), 7192–7197.

Lüthi, Dieter et al., High-Resolution Carbon Dioxide Concentration Record 650 000–800 000 Years before Present, in: *Nature* 453/7193 (2008), 379–382.

Mann, Michael E., Raymond S. Bradley und Malcolm K. Hughes, Northern Hemisphere Temperatures During the Past Millennium: Inferences, Uncertainties, and Limitations, in: *Geophysical Research Letters* 26/6 (1999), 759–762.

Marcott, Shaun A. et al., A Reconstruction of Regional and Global Temperature for the Past 11,300 Years, in: *Science* 339/6124 (2013), 1198–1201.

Mauelshagen, Franz, Migration and Climate in World History, in: *The Palgrave Handbook of Climate History*, London 2018, 413–444.

Mauelshagen, Franz und Andrés López-Rivera, Klima-Governance in den Amerikas, in: *Krisenklima. Umweltkonflikte aus lateinamerikanischer Perspektive*, hrsg. v. Stefan Peters et al., Baden-Baden 2021, 17–47.

McCants, Anne E. C., Historical Demography and the Crisis of the Seventeenth Century, in: *The Journal of Interdisciplinary History* 40/2 (2009), 195–214.

McCormick, Michael et al., Climate Change during and after the Roman Empire: Reconstructing the Past from Scientific and Historical Evidence, in: *Journal of Interdisciplinary History* 43 (2012), 169–220.

Morice, Colin P. et al., An Updated Assessment of Near-Surface Temperature Change from 1850: The Hadcrut5 Data Set, in: *Journal of Geophysical Research: Atmospheres* 126/3 (2021), e2019JD032361.

Neukom, Raphael et al., Consistent Multidecadal Variability in Global Temperature Reconstructions and Simulations over the Common Era, in: *Nature Geoscience* 12 (2019), 643–649.

Neukom, Raphael et al., No Evidence for Globally Coherent Warm and Cold Periods over the Preindustrial Common Era, in: *Nature* 571 (2019), 550–554.

Oppenheimer, Clive, *Eruptions that Shook the World*, Cambridge 2011.

Parzinger, Hermann, *Die Kinder des Prometheus. Eine Geschichte der Menschheit vor der Erfindung der Schrift*, München 2014.

Pribyl, Kathleen, *Farming, Famine and Plague: The Impact of Climate in Late Medieval England*, Cham 2017.

Rahmstorf, Stefan und Hans-Joachim Schellnhuber, *Der Klimawandel. Diagnose, Prognose, Therapie*, München 2012.

Revelle, Roger und Hans Suess, Carbon Exchange between Atmosphere and Ocean and the Question of an Increase of Atmospheric CO_2 during the Past Decades, in: *Tellus* 9/1 (1957), 18–27.

Rheinisches Landesmuseum Trier, Museum am Dom Trier und Stadtmuseum Simeonstift Trier (Hg.), *Der Untergang des Römischen Reiches*, Darmstadt 2022.

Rockström, Johan und Owen Gaffney, *Breaking Boundaries: The Science of our Planet*, London 2021.
Rubino, Mauro et al., Revised Records of Atmospheric Trace Gases CO_2, CH_4, N_2O, and $\Delta^{13}C$-CO_2 over the Last 2000 Years from Law Dome, Antarctica, in: *Earth System Science Data* 11 (2019), 473–492.
Ruddiman, William F., *Plows, Plagues, and Petroleum: How Humans Took Control of Climate*, Princeton 2005.
Ruddiman, William F. et al., The Early Anthropogenic Hypothesis: A Review, in: *Quaternary Science Review* 240 (2020), 106386.
Sigl, Michael et al., Timing and Climate Forcing of Volcanic Eruptions for the Past 2500 Years, in: *Nature* 523/7562 (2015), 543–549.
Smil, Vaclav, *Energy Transitions: Global and National Perspectives*, Santa Barbara 2016.
Smil, Vaclav, *Grand Transitions: How the Modern World Was Made*, Oxford und New York 2021.
Star, Bastiaan et al., Ancient DNA Reveals the Chronology of Walrus Ivory Trade from Norse Greenland, in: *Proceedings of the Royal Society – Biological Sciences* 285/1884 (2018), 20180978.
Walker, Mike et al., Formal Subdivision of the Holocene Series/Epoch (Discussion Paper), in: *Journal of Quaternary Science* 27 (2012), 649–659.
Wanner, Heinz, *Klima und Mensch – eine 12000-jährige Geschichte*, Bern 2020.
Weart, Spencer R., *The Discovery of Global Warming*, Cambridge 2003.
Zilberstein, Anya, *A Temperate Empire: Making Climate Change in Early America*, New York 2016.
Zumbühl, Heinz J. et al., *Die Grindelwaldgletscher. Kunst und Wissenschaft*, Bern 2016.

Personen-, Orts- und Sachregister

Personen

Orte

Sachen